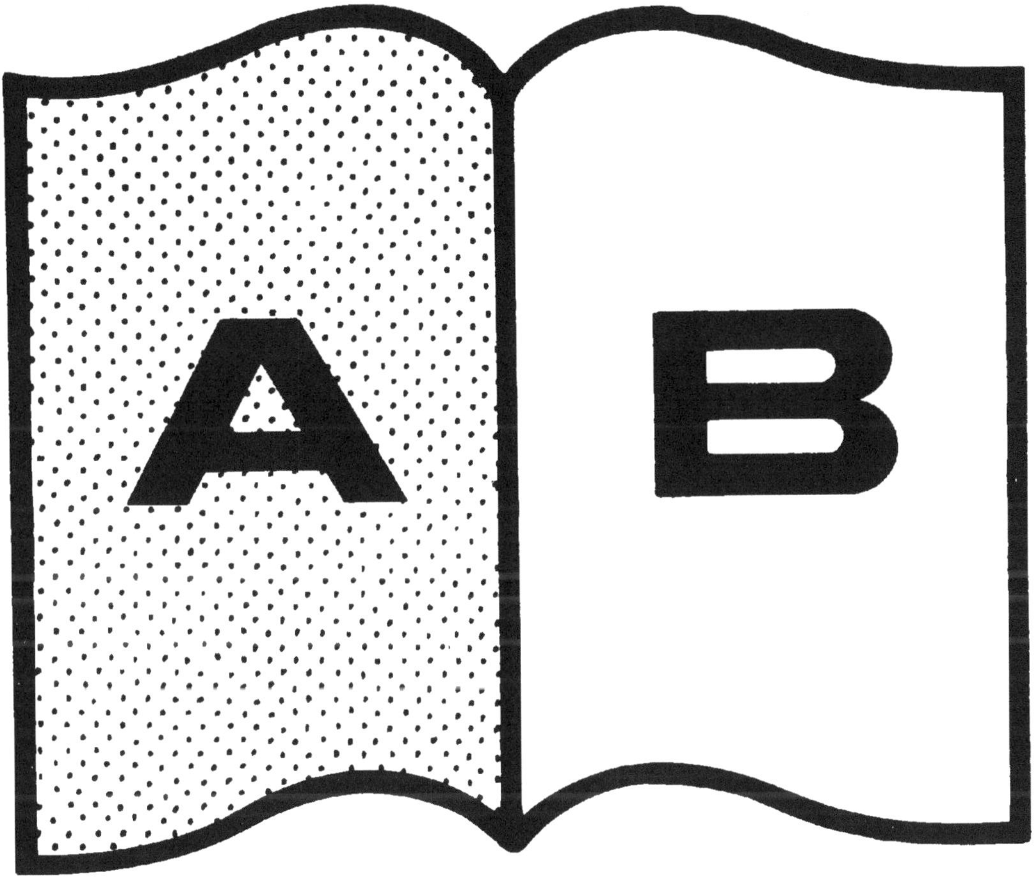

ÉTUDES ET LECTURES

SUR

L'ASTRONOMIE,

PAR

CAMILLE FLAMMARION,

Astronome, Membre de plusieurs Académies, etc.

TOME HUITIÈME,

Accompagné de 32 figures astronomiques.

PARIS,

GAUTHIER-VILLARS, IMPRIMEUR-LIBRAIRE

DU BUREAU DES LONGITUDES, DE L'OBSERVATOIRE DE PARIS,

SUCCESSEUR DE MALLET-BACHELIER,

Quai des Grands-Augustins, 55.

1877

ÉTUDES ET LECTURES

SUR

L'ASTRONOMIE.

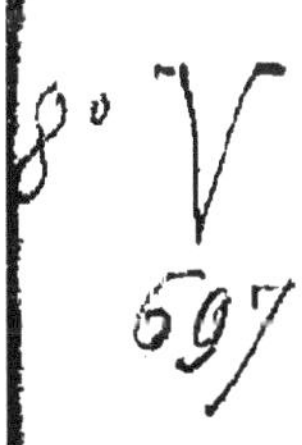

OUVRAGES DU MÊME AUTEUR.

Astronomie sidérale. — CATALOGUE DES ÉTOILES DOUBLES ET MULTIPLES EN MOUVEMENT, contenant toutes les observations faites sur chaque couple depuis sa découverte et les résultats conclus de l'analyse des mouvements. 1 vol. gr. in-8 .... 7 fr.

Atlas céleste, comprenant toutes les Cartes de l'ancien Atlas de Dien, rectifié et augmenté. Gr. in-folio .... 45 fr.

Les Terres du Ciel. — Astronomie planétaire descriptive. Photographies lunaires, Carte de Mars, dessins de Jupiter, etc. 1 vol. gr. in-8 .... 10 fr.

Histoire du Ciel. — Histoire de l'Astronomie et des différents systèmes imaginés pour expliquer l'Univers. 1 vol. gr. in-8 illustré; 2e édit. 9 fr.

L'Atmosphère. — Description des grands phénomènes de la nature. 1 vol. gr. in-8, illustré de 15 chromolithographies et de 228 gravures; 2e édition .... 20 fr.

La Pluralité des Mondes habités. — Étude où l'on expose les conditions d'habitabilité des terres célestes, au point de vue de l'Astronomie, de la Physiologie et de la Philosophie naturelle. 26e édit.; 1 vol. in-12 .... 3 fr. 50 c.

Les Mondes imaginaires et les Mondes réels. — Voyage astronomique pittoresque dans le Ciel, et revue critique des théories humaines, anciennes et modernes, sur les habitants des astres. 16e édit.; 1 vol. in-12 .... 3 fr. 50 c.

Dieu dans la Nature, ou le Spiritualisme et le Matérialisme devant la Science moderne. 15e édit ; 1 fort vol. in-12, avec le portrait de l'Auteur .... 4 fr.

Récits de l'Infini. — *Lumen;* Histoire d'une Ame. — Histoire d'une Comète. — La vie universelle et éternelle. 5e éd.; 1 vol. in-12. 3 fr. 50 c.

Vie de Copernic, et Histoire de la découverte du véritable système du Monde. 1 vol. in-12 .... 1 fr. 50 c.

Les Merveilles célestes. — Lectures du soir. Traité élémentaire d'Astronomie à l'usage de la jeunesse, illustré de gravures et de planches. 38e mille; 1 vol. in-12 .... 2 fr.

Contemplations scientifiques. — Nouvelles Études de la Nature et Exposition des œuvres éminentes de la Science contemporaine. 2e édit.; 1 vol. in-12 .... 3 fr. 50 c.

SIR HUMPHRY DAVY. — **Les derniers Jours d'un Philosophe.** — Entretiens sur la Nature, sur l'Humanité et sur les Sciences. Trad. de l'anglais. 1 vol. in-12 .... 3 fr. 50 c.

Petite Astronomie descriptive, pour les Enfants, adaptée aux besoins de l'enseignement par C. DELON, et ornée de 100 figures. 1 vol. in-12 .... 1 fr. 25 c.

Petit Atlas astronomique, résumant l'Astronomie en 18 Cartes, tableaux et explications. In-18 .... 1 fr. 50 c.

Paris. — Imprimerie de GAUTHIER-VILLARS, quai des Augustins, 55.

ÉTUDES ET LECTURES

SUR

L'ASTRONOMIE,

PAR

CAMILLE FLAMMARION,

Astronome, Membre de plusieurs Académies, etc.

TOME HUITIÈME,

Accompagné de 32 figures astronomiques.

PARIS,

GAUTHIER-VILLARS, IMPRIMEUR-LIBRAIRE

DU BUREAU DES LONGITUDES, DE L'OBSERVATOIRE DE PARIS,

SUCCESSEUR DE MALLET-BACHELIER,

Quai des Grands-Augustins, 55.

1877

AVERTISSEMENT.

Ce tome VIII, qui porte la date de l'année 1877, qui était presque entièrement imprimé en 1875, et qui ne paraît qu'en 1878, a été retardé par le silence à peu près général, depuis leur retour en Europe, de tous les astronomes qui sont allés observer le passage de Vénus. Il y aura bientôt quatre années entières que cet important fait astronomique a été observé, et, à part quelques résultats isolés, on ne sait encore rien de définitif sur le chiffre de la parallaxe conclu de la comparaison de l'ensemble des mesures; et ces mesures elles-mêmes ne sont pas encore publiées. L'Angleterre pourtant vient de donner l'exemple et de parler la première; encore n'est-ce qu'un demi-résultat.

Nous avons réuni néanmoins dans ce petit volume tout ce qui concerne la double question des passages de Vénus et de leur application à la vérification de la distance du Soleil. La théorie de ces passages, leur importance, les conditions particulières du dernier, les expéditions diverses envoyées pour l'observer, les dispositions prises à chaque station, les résultats immédiats obtenus ont été l'objet d'un exposé aussi complet que possible, offrant ainsi l'histoire astronomique de cet événement, dont la valeur peut être l'objet d'appréciations fort diverses. On peut, on doit approuver cette dépense de plusieurs millions en faveur de la Science pure; mais, dans l'état actuel des progrès astronomiques, il ne semble pas que ce grand et glorieux dérangement donne, pour la solution du problème de la distance exacte du Soleil, un résultat plus sûr et plus précis que ceux que l'astronome obtient sans sortir de son Observatoire.

Néanmoins, toute étude, théorique ou pratique, porte en soit sa valeur, et celle-ci n'est ni l'une des moins importantes, ni l'une des moins intéressantes. D'ailleurs, en dehors de l'objet exclusif de toute observation, il y a toujours l'imprévu, l'inattendu; en cherchant une chose, on en trouve une autre, et souvent cette *autre* chose vaut la première. En cherchant la parallaxe des étoiles, Bradley trouve l'aberration, et Herschel les systèmes binaires. En cherchant l'Asie, Colomb trouve l'Amérique. En observant la planète Vénus sur le Soleil, on a reconnu et mesuré son atmosphère. On verra que les résultats que nous pourrions appeler *latéraux* ne sont pas moins intéressants que les résultats directs de l'observation elle-même.

Toutes les valeurs obtenues par différentes méthodes pour la parallaxe du Soleil ont été comparées ici, de sorte que l'exposé suivant donne précisément l'état actuel de nos connaissances à l'égard de cet élément si important : *le mètre du système du monde* et de toutes les distances mesurées dans l'univers.

Ainsi ce nouveau volume a été entièrement occupé par la description du dernier passage de Vénus, l'étude générale de ces passages et la discussion du chiffre de la parallaxe solaire. C'est surtout une annexe à l'histoire de l'Astronomie contemporaine.

Plusieurs de nos lecteurs nous ayant manifesté le désir de posséder une liste générale des Observatoires publics et privés où l'on travaille actuellement à l'étude toujours grandissante du ciel, nous avons ajouté cette liste à la fin du volume. Il sera bon sans doute de la rééditer de temps en temps, avec les changements survenus.

Notre tome IX, exposant les dernières conquêtes de l'Astronomie solaire, planétaire et sidérale, retardé par ce tome-ci et par notre grand travail sur les étoiles doubles, est sous presse ; il paraîtra incessamment.

TABLE DES MATIÈRES.

FIN DE LA TABLE DES MATIÈRES.

LE PASSAGE DE VÉNUS

DE 1874.

LE PASSAGE DE VÉNUS

DE 1874.

VÉRIFICATION DE LA PARALLAXE DU SOLEIL. MÉTHODES D'OBSERVATION. RÉSULTATS DES EXPÉDITIONS. LE MÈTRE DE L'ASTRONOMIE.

La connaissance de la parallaxe du Soleil, la détermination précise de la distance qui nous sépare de l'astre aux rayons duquel la vie de la Terre est suspendue, la méthode par laquelle on obtient cette distance d'après l'observation des passages de Vénus, constituent certainement l'un des Chapitres des plus intéressants et les plus importants de l'Astronomie contemporaine. Nous croyons opportun d'exposer ici les détails des expéditions qui ont été envoyées par les différentes nations pour l'observation de ce rare phénomène, d'étudier les méthodes d'observation et de calcul qui ont été employées pour la solution du problème, et de faire connaître les résultats définitifs obtenus. Déjà, dans le tome IV (1873) de ces *Études*, nous avons traité la question au point de vue général, en envisageant successivement l'historique des mesures de la distance du Soleil, la méthode des passages de Vénus, les résultats conclus de l'observation des anciens passages, et les conditions spéciales du passage de 1874. Sans revenir sur ce que nous avons dit dans cette discussion, nous nous proposons d'étudier ici en particulier cette méthode de la mesure de la parallaxe solaire par l'observation du passage de Vénus dans les conditions spéciales du dernier passage, et d'exposer les résultats obtenus par les diverses expéditions échelonnées, le 9 décembre 1874, sur la surface de notre planète. En un mot, nous désirons qu'on puisse trouver dans cet Ouvrage l'ensemble des documents relatifs à ce grand événement astronomique.

Avant d'entrer dans la discussion des circonstances de l'observation, il ne sera pas inutile de nous rappeler d'abord les éléments du mouvement de Vénus relativement à celui de la Terre.

L'esquisse de ce mouvement est dessinée dans notre *fig.* 1. La Terre étant située à la distance 1,00 du Soleil, Vénus gravite à la distance 0,72, et décrit par conséquent une orbite intérieure à celle de notre planète. Le Soleil brille au centre. V est la planète Vénus en différents points de son orbite, T représentant la position de la Terre en un point quelconque de l'orbite terrestre.

Cette petite esquisse nous offre trois faits principaux à considérer.

Le premier est que la planète ne peut jamais paraître très-éloignée du Soleil. En effet elle se meut autour de lui dans la direction marquée par la flèche ; la Terre

Fig. 1.

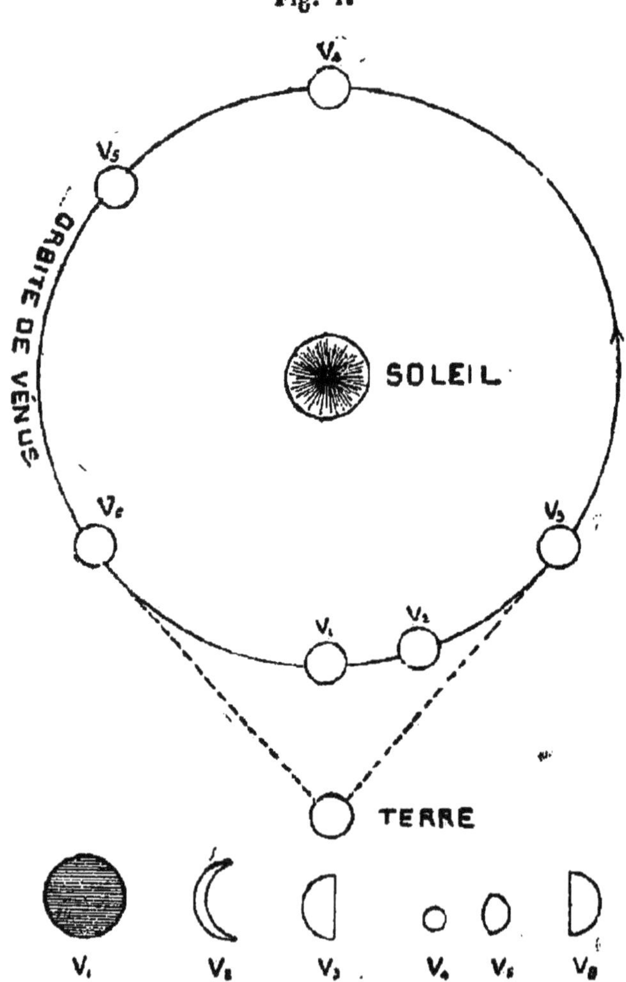

circule dans la même direction. Nous nous supposons regarder le système solaire d'un point situé dans l'hémisphère céleste boréal. En examinant la figure, on peut remarquer que, quand la planète Vénus quitte le point V_1, elle paraît s'éloigner du Soleil jusqu'à ce qu'elle arrive au point V_3, qui est le point de sa plus grande élongation. Continuant son cours, elle paraîtra, pour un observateur situé sur la Terre, se rapprocher du Soleil, jusqu'à ce qu'elle se perde derrière lui dans ses rayons. Lorsqu'elle a passé le point V_4, sa distance au Soleil paraît augmenter de nouveau jusqu'à ce qu'elle atteigne le point V_6, qui marque sa plus longue élongation occidentale, et à partir duquel elle se rapproche de nouveau du Soleil.

Le deuxième fait à remarquer est que la distance de Vénus à la Terre varie énormément, et que ses dimensions apparentes varient dans le même rapport ; en effet, elle peut s'approcher jusqu'à 9 millions de lieues de nous et s'en éloigner jusqu'à plus de 60. Ces différentes grandeurs sont visibles au bas de la *fig.* 1 en même temps que les phases.

Le troisième point digne de remarque est précisément celui de ces phases, qui sont analogues à celles de la Lune. Comme, dans toutes ces positions, elle n'a qu'un hémisphère éclairé, celui qui est tourné du côté du Soleil, on s'explique facilement qu'au point V_1 elle soit invisible, puisque, alors elle tourne vers la Terre son hémisphère obscur. Dans la position V_2, elle offre un mince croissant ; dans la position V_3, elle a l'aspect du premier quartier ; en V_4, elle est ronde ; en V_5, elle est un peu échancrée ; en V_6, elle offre l'aspect de la Lune dans son dernier quartier.

Qu'arrive-t-il lorsque Vénus passe entre le Soleil et

la Terre? Nous venons de voir qu'elle est invisible, puisqu'elle tourne vers nous son hémisphère obscur; nous n'avons donc aucune chance de la voir, à moins qu'elle ne passe juste devant le Soleil, comme une petite tache noire. Il semble que cela devrait arriver chaque fois qu'elle se trouve à sa moindre distance de nous. Comme elle ne met que huit mois pour accomplir sa translation autour de l'astre radieux et que la Terre emploie une année pour parcourir la sienne, il semble que le phénomène dont nous allons nous occuper ne devrait pas être rare. Tous les 584 jours, il est vrai, la belle planète passe entre le Soleil et la Terre, mais un peu au-dessus ou un peu au-dessous du disque solaire, de sorte qu'elle ne se projette point sur lui et reste invisible. Pour que la planète passe juste devant le Soleil, il faut que les centres des trois astres : Soleil, Vénus et Terre, se placent sur une même ligne droite. Or, par suite de la disposition des orbites des deux planètes, ce fait arrive à peine deux fois par siècle.

Les deux orbites suivies par Vénus et la Terre ne sont pas situées dans le même plan. En d'autres termes, nous ne pouvons pas représenter exactement ces deux orbites par deux cercles tracés sur une feuille de papier. Celle de Vénus, qui est intérieure à celle de la Terre, est inclinée de telle sorte que, si nous traçons celle-ci sur une feuille de papier, il nous faut supposer qu'une moitié de celle de Vénus s'élève au-dessus de la feuille, tandis qu'une autre moitié descend au-dessous. Ces deux plans passent par le Soleil, mais ils sont inclinés, l'un relativement à l'autre, d'un certain petit angle. La ligne d'intersection AB, qui passe par le

Soleil, est appelée la *ligne des nœuds :* il faut que Vénus et la Terre soient sur cette ligne pour que la

Fig. 2.

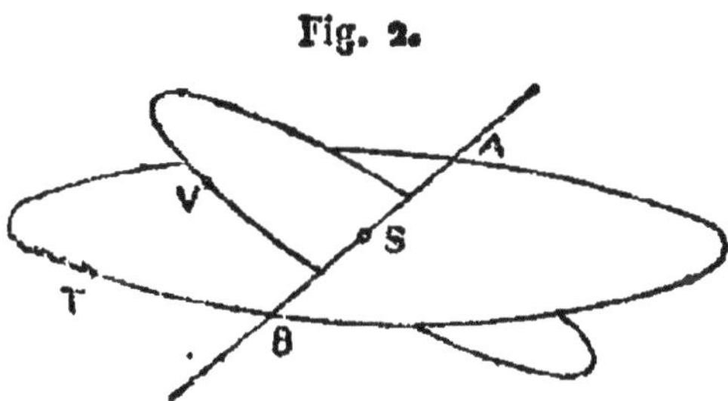

planète passe devant le Soleil. Mais il arrive généralement que, lorsque Vénus est à sa moindre distance de la Terre, les deux planètes sont respectivement en T et en V, de sorte que Vénus passe au-dessus du Soleil sans être vue. Elle ne passe que deux fois par siècle dans la situation favorable. La Terre occupe le point A en juin et le point B en décembre.

Mais ce n'est pas tant sa rareté que son importance uranographique qui donne à cet événement toute sa valeur et toute sa renommée. En se dessinant sur le disque lumineux du Soleil, la planète Vénus offre aux astronomes un moyen précieux de calculer la distance qui nous sépare du Soleil lui-même. Ajoutons maintenant que, indépendamment de l'intérêt particulier qu'elle peut nous offrir en elle-même, cette distance est la base de toutes les mesures astronomiques. Qu'elle soit fausse, tous les chiffres donnés pour la mesure des distances des planètes, des comètes ou des étoiles sont erronés eux-mêmes. Qu'elle soit exacte, et nous avons en main le mètre du système du monde et de toutes les évaluations de distances célestes. On s'explique donc sans peine tout le bruit qui se fait depuis plusieurs années à l'égard de cette intéressante planète, que les astronomes avaient un peu délaissée depuis le siècle dernier ; on comprend tous les préparatifs entrepris pour distribuer sur le globe les meilleurs postes d'observation, de chacun desquels on s'est efforcé de pointer avec la plus grande précision possible la route suivie par Vénus sur le disque solaire. C'est par la réunion et par la comparaison de toutes les observations que l'on a déterminé l'angle sous lequel la grandeur de la Terre serait vue du Soleil, angle qui donne la distance du Soleil à la Terre, ou, en termes consacrés, la *parallaxe* du Soleil.

Nous nous proposons d'exposer ici les circonstances principales de ce grand événement astronomique, d'expliquer la méthode de mesure qui lui donne une si haute importance, et de résumer les travaux accomplis jusqu'ici dans l'évaluation humaine des dimensions géométriques de l'Univers. Commençons par rappeler les procédés de mesure employés en Géodésie et en Astronomie et par résumer l'historique des déterminations obtenues jusqu'à ce jour sur la distance du Soleil ; puis nous examinerons les conditions détaillées du dernier passage de Vénus et son importance spéciale dans la Science contemporaine.

I.

LA MESURE DES DISTANCES INACCESSIBLES.

On sait que les mesures des grandes distances et des distances inaccessibles ne se prennent pas directement en portant un mètre, un décamètre sur leur longueur; mais géométriquement, par la formation de triangles. Cette dernière méthode de mesure, que l'on pourrait appeler *théorique*, est aussi exacte que la première, que l'on pourrait appeler *pratique* et *usuelle*. Il faut même dire qu'elle est plus exacte, car elle diminue les erreurs d'observation. Si, par exemple, on détermine par la Géométrie la distance d'un point de la façade de l'Observatoire à un point de la façade du palais du Luxembourg, on peut trouver un chiffre exact à 1 centimètre près, quoique la distance soit supérieure à 1 kilomètre, résultat qu'on n'obtiendrait pas en portant directement une chaîne d'arpenteur le long de l'avenue de l'Observatoire. Il est inutile, d'ailleurs, d'ajouter que la méthode pratique serait impossible à employer dans les cas de distances inaccessibles, et dans ceux où les distances dépassent une certaine longueur. Le premier qui essaya de mesurer 1 degré du méridien de la France, le médecin Fernel, en 1528, prit, directement il est vrai, cette mesure, en comptant les tours de roue de sa voiture le long de la route de Paris à Amiens, et par une singulière compensation entre toutes les causes d'erreurs inhérentes à ce procédé, le chiffre trouvé (56070 toises) ne diffère pas de 1000 toises avec le chiffre donné plus tard par des opérations strictement scientifiques. Mais les instruments de mesure, la Trigonométrie et les logarithmes ont conduit à une précision incomparablement plus grande. En 1669, Picard, membre de l'Académie des Sciences et fondateur de l'Observatoire de Paris, mesura la distance entre Paris et Amiens, c'est-à-dire entre le 48e et le 49e degré de latitude, en choisissant d'abord sur le sol une base, qu'il mesura exactement, et sur laquelle il établit, pour déduire ensuite par le calcul la longueur cherchée, un réseau de triangles ayant alternativement leurs sommets placés à droite et à gauche de l'arc à déterminer, et il trouva pour la longueur de 1 degré dans cet intervalle 57060 toises, qui répondent à 111 212 mètres. Cette mesure, vérifiée depuis par les géomètres les plus éminents, a été trouvée exacte, à une minime fraction près. Un de ses résultats les plus heureux, c'est qu'elle a, pour ainsi dire, préservé du néant la découverte de l'attraction. Lorsque, en 1666, Newton découvrit l'identité de la pesanteur avec la force qui soutient la Lune autour de la Terre et les planètes autour du Soleil, il ne put vérifier l'exactitude de son idée; l'appréciation géographique du degré terrestre (49540 toises) étant alors erronée et la loi du carré des distances se trouvant fautive, il abandonna tout à fait ses travaux. Ce n'est qu'après la mesure de Picard, en essayant si le nouveau degré s'accordait avec sa théorie, qu'il trouva celle-ci parfaitement exacte. De 1683 à 1718, la ligne mesurée de Paris à Amiens fut prolongée, d'une part, jusqu'à Dunkerque, et de l'autre jusqu'à Perpignan, et le méridien qui coupe la France dans sa plus grande longueur, de 8 degrés, fut entièrement fixé par un ensemble d'opérations à la fois astronomiques et géodésiques. Alors un réseau de triangles enveloppa du nord au sud le méridien central, et la carte de France fut exactement tracée pour la première fois. L'un des résultats inattendus de cette opération fut de resserrer les frontières du royaume, ce qui fit dire à Louis XIV en plaisantant que « Messieurs de l'Académie avaient enlevé au Roy une partie de ses États. »

Lorsque, dans un triangle quelconque, on connaît l'un des côtés et deux angles, la longueur des deux autres côtés se détermine à l'aide de formules algébriques. La mesure de la surface de Paris a été faite, il y a dix ans, par un réseau de triangles. Tous les points principaux de France et d'Europe sont déterminés aujourd'hui par des opérations astronomiques, et l'on en peut trouver les positions dans la *Connaissance des Temps*. Distances et surfaces sont mesurées par des triangles. La Géométrie a justifié son nom en prenant possession du globe terrestre, et nul n'ignore aujourd'hui que le diamètre de ce globe est de 12 756 466 mètres à l'équateur, tandis qu'il n'est que de 12 713 116 d'un pôle à l'autre. Les mesures trigonométriques sont, du reste, les seules employées et officiellement reconnues. Il ne peut venir à l'idée de personne de douter de leur exactitude. Or c'est le même procédé qui sert à la détermination des distances célestes. Il serait donc d'un scepticisme injustifiable aujourd'hui de douter de la sincérité et de l'exactitude des mesures astronomiques, lors même que ces mesures nous étonnent par l'audace de leurs résultats.

La Lune étant le corps céleste le plus rapproché de nous, sa distance est la première qui ait pu être exactement déterminée. On la connaît depuis deux mille ans avec une approximation remarquable. Aristarque

Fig. 3.

de Samos, qui vivait au IIIe siècle avant notre ère, l'avait évaluée à 35 ou 40 diamètres terrestres. L'astronome Hipparque, dans le Ier siècle avant notre ère, l'estima à 32 diamètres. En réalité, elle est de 30. C'est au milieu du siècle dernier, en 1752, qu'elle fut établie définitivement par deux astronomes observant en deux points très-éloignés l'un de l'autre, l'un à Berlin, l'autre au Cap de Bonne-Espérance. Ces astronomes étaient deux Français, Lalande et Lacaille. L'un des côtés du triangle était formé par la ligne idéale qui, traversant l'intérieur de la Terre, joindrait Berlin au Cap de

Bonne-Espérance. Les deux autres côtés étaient formés par les lignes qui iraient, l'une de Berlin au centre de la Lune, l'autre du Cap au même centre. L'observation simultanée faite aux deux stations donna les angles du triangle. On trouve par une formule la longueur des deux autres côtés, et, en dernière analyse, la distance du centre de la Lune au centre de la Terre. On connaît ainsi, rigoureusement, que la distance moyenne de notre satellite est de 96 109 lieues de 4 kilomètres, et cette distance est aussi exactement mesurée que celle de Paris à Marseille.

Si l'on voulait se servir du même mode d'observation pour déterminer la distance du Soleil, on n'y parviendrait pas. Cette distance est trop grande. Le diamètre entier de la Terre ne lui est pas comparable et ne formerait pas la base d'un triangle. Supposons que l'on mène de deux extrémités diamétralement opposées du globe terrestre deux lignes allant jusqu'au centre du Soleil : ces deux lignes se toucheraient tout le long de leur parcours, le diamètre de la Terre n'étant qu'un point relativement à leur immense longueur. Il n'y aurait donc pas de triangle, partant point de mesure possible. D'ici à l'astre du jour, il y a près de douze mille fois le diamètre de la Terre ! C'est comme si l'on prétendait construire un triangle en prenant pour côté une ligne de 1 *millimètre* de longueur seulement, de chaque extrémité de laquelle on mènerait deux lignes droites jusqu'à un point placé à 12 mètres de distance. On voit que ces deux lignes seraient presque parallèles et que les deux angles qu'elles formeraient à la base du triangle seraient vraiment deux angles droits.

Il a donc fallu tourner la difficulté, et c'est ce qu'a fait l'astronome Halley au siècle dernier, en proposant d'employer pour cette mesure les passages de Vénus sur le disque solaire. Cette méthode consiste à constater que, pour deux observateurs assez éloignés l'un de l'autre sur la Terre, Vénus n'occupe pas au même moment le même point sur le Soleil, et à mesurer la distance des points notés par chaque observateur.

Supposons que deux observateurs soient placés aux deux extrémités d'un diamètre terrestre, chacun d'eux verra Vénus suivre une route différente devant le Soleil. C'est là une affaire de perspective. En étendant la main et en levant l'index verticalement, il nous masquera tel objet en fermant l'œil gauche et regardant de l'œil droit, et tel autre objet en fermant l'œil droit et regardant de l'œil gauche. Pour l'œil droit, il se projettera vers la gauche; pour l'œil gauche, il se projettera vers la droite. La différence des deux projections dépend de la distance à laquelle nous plaçons notre doigt. Dans cette comparaison familière, dont je demande humblement pardon au lecteur, la distance qui sépare nos deux rétines représente le diamètre de la Terre; nos deux rétines sont nos deux observateurs; notre index représente Vénus elle-même, et les deux projections de notre doigt représentent les places différentes auxquelles les astronomes verront la planète sur la surface du Soleil. Pour que la comparaison soit complète, il serait mieux, au lieu d'étendre le doigt, de tenir une épingle à grosse tête à une certaine distance de l'œil, de telle sorte que sa tête se projetât sur un disque de papier placé à plusieurs mètres, puis de faire voyager cette tête d'épingle devant le disque, en la regardant successivement de l'un et de l'autre œil.

Considérons un instant les positions respectives du Soleil, de Vénus et de la Terre dans l'espace, à l'heure du passage. Deux observateurs, A et B, placés à la surface de la Terre, aussi éloignés que possible l'un de l'autre, observent Vénus : pour chacun d'eux, comme nous l'avons vu, elle se projette sur un point différent V_1 et V_2 de la surface du Soleil. Joignons ces deux points par une ligne droite. Cette ligne mesure la distance qui les sépare l'un de l'autre sur le Soleil. Maintenant de ces points abaissons une ligne droite, qui, passant par Vénus, ira aboutir à chacun des observateurs ter-

Fig. 4.

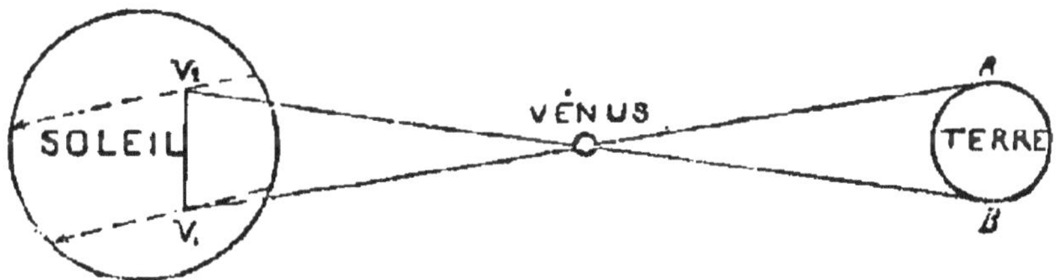

restres. Nous venons de construire deux triangles.

Le premier de ces triangles a sa base sur le Soleil, formée par la ligne de jonction des deux points. Ses deux autres côtés vont de ces deux points à Vénus, sommet du triangle.

Le second triangle a également son sommet à Vénus, mais en sens opposé du précédent. Ses deux grands côtés vont de Vénus à la Terre, au lieu d'aller de Vénus au Soleil. Son troisième côté ou sa base est formée par la ligne qui joindrait les deux observateurs terrestres.

Dans ces deux triangles, la distance rectiligne qui sépare les deux observateurs terrestres est connue, puisqu'on connaît maintenant les dimensions de la Terre. La troisième loi de Kepler démontre d'autre part que les côtés des deux triangles sont entre eux dans un certain rapport déterminé, lequel est égal à 0,37 pour le triangle qui a sa base sur la Terre. La distance rectiligne qui sépare les deux observateurs terrestres est les $\frac{37}{100}$ de la ligne de jonction $V_1 V_2$, qui réunit les deux points de la projection de Vénus sur le disque du Soleil. Le problème se réduit donc en définitive à mesurer cette ligne de jonction aussi exactement que possible. Supposons qu'on la trouve égale à 48 secondes d'arc. Cette valeur prouverait que le diamètre de la Terre, vue à la distance du Soleil, mesure $48'' \times 0,37$, c'est-à-dire $17'',76$. C'est précisément là le chiffre cherché.

La parallaxe du Soleil n'est donc autre chose que la dimension angulaire sous laquelle on verrait la Terre à la distance du Soleil. Qu'est-ce qu'une seconde d'arc ? C'est la grandeur apparente d'un mètre ou d'un objet quelconque, éloigné de l'œil à 206 265 fois sa longueur. Un objet qui est vu sous un angle de $17'',76$ est donc éloigné de l'observateur d'une quantité égale au chiffre que je viens de transcrire, divisé par 17,76. Si donc la Terre vue du Soleil sous-tend un angle de $17'',76$, c'est que la distance d'ici au Soleil est de $\frac{206\,265}{17,76}$, c'est-à-dire de 11 614 fois le diamètre de la Terre.

Ajoutons encore qu'au lieu de mesurer la distance qui sépare les points de projection, ce qui est assez difficile, on tourne encore la difficulté en transformant l'espace en temps, c'est-à-dire en observant avec soin la durée du passage et principalement les instants de l'entrée et de la sortie de la planète notés aux différents points d'observation.

Au lieu du diamètre entier de la Terre, on exprime les valeurs précédentes par le demi-diamètre ou le rayon, ce qui du reste ne change rien aux proportions. Si le chiffre précédent, que j'ai choisi pour plus de simplicité, était exact, la parallaxe du Soleil s'exprimerait donc par le chiffre 8",88, angle sous lequel on verrait le rayon de la Terre à la distance du Soleil. En réalité, le chiffre adopté avant le passage de 1874 était 8",91, qui correspond à 23 200 rayons équatoriaux de la Terre, c'est-à-dire à 148 millions de kilomètres. Nous verrons plus loin, à la discussion des observations, si ce chiffre a été notablement modifié.

Telle est la méthode de triangulation proposée par l'astronome anglais Halley pour mesurer la distance qui nous sépare du Soleil. Il en eut l'idée dès l'âge de 22 ans, mais ne la publia qu'en 1691. En l'indiquant comme un excellent moyen d'obtenir la parallaxe du Soleil, l'illustre astronome savait bien, néanmoins, qu'il ne pourrait, selon toute probabilité, en faire usage lui-même et que depuis longtemps, sans doute, il aurait cessé de vivre (il était né en 1656) quand le moment de l'employer serait venu. « Il la recommande pourtant avec bonheur, remarque à ce sujet l'astronome Petit (*Traité d'Astronomie*, t. II, p. 137), se préoccupant bien plus d'être utile aux hommes après avoir disparu du milieu d'eux que d'adresser de mélancoliques regrets à cette existence d'ici-bas, trop courte pour lui permettre de contempler le phénomène dont il avait le premier découvert l'importance. Touchante manifestation des instincts élevés que nous a donnés la Providence, et de l'intuition qui nous a fait entrevoir un impérissable avenir succédant aux agitations éphémères de la vie. Si, comme Halley, comme Kepler, comme une foule d'autres nobles cœurs alliés à de hautes intelligences, l'honnête homme est conduit en effet à trouver ses jouissances les plus vives dans le sentiment du devoir qu'il remplit, dans la conscience du bien qu'il fait plutôt que dans les honneurs, dans la puissance et dans les vaines satisfactions de l'orgueil, c'est sans doute parce qu'aux sensualités passagères de la matière Dieu veut faire survivre pour nous à jamais les extases du sentiment et de la pensée. »

La parallaxe adoptée avant la discussion des opérations du passage était de 8",91 et correspondait à une distance de 148 millions de kilomètres. Il y avait encore plus de 400 000 lieues d'incertitude sur ce chiffre. C'est cette incertitude que l'observation du dernier passage de Vénus, impatiemment attendu par les astronomes de tous les pays, devait faire cesser. Le passage observé en 1769 n'a pas été aussi fructueux qu'on doit le désirer aujourd'hui. Les valeurs obtenues par d'autres moyens, par l'équation parallactique de la Lune, par la parallaxe de Mars, par les mouvements et les masses des planètes, par la vitesse de la lumière, laissent encore quelque incertitude dans les fractions. Avec la précision des méthodes d'observation que nous possédons aujourd'hui, on était assuré d'obtenir, par le passage de 1874, le nombre cherché à $\frac{1}{500}$ d'approximation ; c'est-à-dire que la distance de la Terre au Soleil devait être mesurée ce jour-là à 75 000 lieues près sur 37 millions.

On aura une idée de l'importance de la méthode des parallaxes planétaires si l'on se souvient des erreurs faites jusqu'au siècle dernier dans les déterminations de la distance du Soleil. Depuis Aristarque de Samos jusqu'à Copernic, on estima cette distance à 600 diamètres terrestres, vingt fois au-dessous de sa valeur : à 1800 000 lieues environ. Ces mesures étaient prises par l'intermédiaire de la Lune et des éclipses, méthode insuffisante qui donna pour résultats à Copernic 589 diamètres, comme on le voit dans son Ouvrage. Par des considérations théoriques, Kepler tripla cette distance. En se servant de la planète Mars pour former le triangle, on obtint, dans les différentes oppositions de la planète de 1704 à 1751, des nombres plus rapprochés de la réalité, et variant entre 8 000 et 12 000 diamètres terrestres. Les passages de Vénus, en 1761 et 1769, donnèrent le nombre des 34 millions de lieues de 2283 toises, c'est-à-dire de 38 millions de nos lieues, qui, vérifié de nouveau vers 1860, a été ramené à 37 millions.

II.

DIVERSES MÉTHODES EMPLOYÉES POUR DÉTERMINER LA PARALLAXE DU SOLEIL.

La méthode de mesure des distances inaccessibles, et son application dans le prochain passage de Vénus à la détermination de la distance qui nous sépare du Soleil, n'est pas la seule qui puisse servir à la solution du même problème ; nous nous proposons ici de lui comparer les autres méthodes et d'étudier la parallaxe du Soleil considérée en elle-même. Nous l'avons dit, la *parallaxe* du Soleil, c'est la dimension angulaire à laquelle on verrait la largeur de la Terre en s'éloignant jusqu'à la distance de l'astre du jour. Or on peut déterminer cette valeur par l'étude de la lumière, et c'est l'opération qui a été recommencée dernièrement à l'Observatoire de Paris.

On sait que la lumière emploie un certain temps pour se transmettre d'un point à un autre, et que pour venir, par exemple, de Jupiter à la Terre, elle emploie de 30 à 40 minutes, suivant la distance de la planète. En examinant les éclipses des satellites de Jupiter, on trouve qu'il y a seize minutes de différence entre les moments où elles arrivent lorsque Jupiter se trouve du même côté du Soleil que la Terre et lorsqu'il se trouve du côté opposé. La lumière emploie donc seize minutes pour traverser le diamètre de l'orbite terrestre, c'est-à-dire la moitié, ou huit minutes, pour venir du Soleil situé au centre. Or, comme les physiciens français Foucault,

Fizeau et Cornu ont mesuré directement cette vitesse à Paris, et qu'ils l'ont trouvée égale à 298 500 kilomètres par seconde, on en conclut que la distance d'ici au Soleil est d'environ 148 millions de kilomètres.

Une autre méthode peut également donner cette distance; elle est fondée aussi sur la vitesse de la lumière. Un exemple familier nous la fera comprendre tout de suite. Supposons-nous placés sous une pluie verticale; si nous sommes immobiles, nous tiendrons notre parapluie verticalement; si nous marchons, nous l'inclinerons devant nous, et si nous courons nous l'inclinerons davantage. Le degré d'inclinaison de notre parapluie dépendra du rapport de la vitesse de notre marche avec celle des gouttes de pluie. On observe le même effet en chemin de fer par les lignes obliques que trace la pluie sur les portières, et dont l'obliquité est la résultante du mouvement du train combiné avec la chute des gouttes. Le même effet se produit pour la lumière. Les rayons de lumière tombent des étoiles à travers l'espace; la Terre se meut avec une grande vitesse, et nous sommes obligés d'incliner nos télescopes dans la direction dans laquelle la Terre se meut; c'est le phénomène de l'aberration de la lumière, lequel montre que la vitesse de la Terre égale $\frac{1}{10000}$ de celle de la lumière. On peut donc calculer par là la vitesse de la Terre, que l'on trouve ainsi être de 30 kilomètres par seconde; on peut calculer la longueur de l'orbite parcourue en 365 jours, et finalement le diamètre de cette orbite, dont la moitié est précisément la distance du Soleil.

Une quatrième méthode est fournie par les mouvements de la Lune. La régularité du mouvement mensuel de notre satellite autour de la Terre est combattue par l'attraction du Soleil, et, comme l'attraction varie en raison inverse du carré de la distance, on conçoit qu'en analysant scrupuleusement l'action du Soleil sur la Lune on puisse arriver à connaître la distance du Soleil. C'est ce qu'ont fait Laplace et Hansen.

Une cinquième méthode peut se déduire des masses des planètes dont les mouvements sont intimement liés à la masse du Soleil et à sa distance. En effet, déjà l'étude des masses des grosses planètes a conduit à une détermination très-précise de la parallaxe du Soleil.

Une sixième méthode est offerte par l'observation de la planète Mars, relativement aux étoiles fixes. Appliquée en 1862, cette méthode a donné d'excellents résultats, et l'on va même prochainement l'étendre à l'observation des petites planètes situées entre Mars et Jupiter.

Voici les chiffres obtenus par chaque méthode, comme expressions, en secondes d'arc, de la parallaxe du Soleil, c'est-à-dire de l'angle sous lequel paraît le demi-diamètre de la Terre, vu à la distance du Soleil :

Passage de Vénus en 1769..........	8″,91
Vitesse de la lumière..............	8,86
Aberration de la lumière.........	8,87
Mouvement de la Lune............	8,92
Masses des planètes...............	8,86
Observations de Mars..............	8,85

Ces diverses méthodes se vérifient l'une par l'autre et n'empêchent pas l'utilité pratique de la première, de celle qui est fondée sur l'observation des passages de Vénus. Examinons maintenant en détail les conditions dans lesquelles le dernier passage s'est accompli.

III.

CONDITIONS SPÉCIALES DU PASSAGE DE 1874. — DIFFICULTÉS. APPLICATION DE LA PHOTOGRAPHIE.

Nous avons vu (p. 16) que la détermination de la distance du Soleil s'obtient en examinant la *différence* des positions notées par des observateurs disséminés sur différents points du globe. Le calcul du passage de la planète devant le Soleil ne se fait pas pour le centre de la Terre. Ainsi, pour un observateur supposé placé au centre de la Terre, l'entrée de Vénus sur le disque du Soleil a eu lieu le 9 décembre 1874, en temps de Paris, à $2^h 10^m 15^s$ du matin ; la traversée a duré $4^h 11^m 42^s$; et la sortie a eu lieu à $6^h 21^m 57^s$. Mais comme la Terre n'est pas réduite à son centre, et qu'elle offre une certaine dimension, la position des observateurs à sa surface influe sur l'heure du passage qu'ils observent. Il y a des points pour lesquels la durée du passage devait être plus longue, d'autres pour lesquels elle devait être plus courte. Ici l'entrée ou la sortie de la planète sur le disque solaire est arrivée plus tôt ; là, elle a été retardée. L'affaire importante a été d'abord de chercher les points pour lesquels les *différences* devaient être les plus grandes. Prenons un exemple :

A l'île Amsterdam, située dans l'océan Indien, par 37° 47′ 46″ de latitude sud et 75° 4′ 56″ de longitude orientale Vénus devait entrer sur le Soleil à $7^h 5^m 16^s$ du matin, heure du pays (il était alors $2^h 4^m 56^s$ à Paris). Le disque solaire s'échancre légèrement vers l'est, c'est-à-dire à sa droite : au bout de quelque temps, cette petite échancrure augmente et l'on aperçoit, à $7^h 35^m 48^s$, un petit disque noir d'un diamètre 45 fois plus petit que le diamètre du Soleil, faisant tache sur l'astre brillant et tangent intérieurement au bord du Soleil. Cette petite tache ronde s'avance peu à peu vers l'ouest et arrive, à $11^h 4^m 54^s$, à être tangente au bord occidental du Soleil, l'échancre et disparaît à $11^h 34^m 42^s$, en laissant le disque solaire aussi net que le matin. La durée du passage a été de $4^h 29^m 18^s$. On suppose ici l'observation faite à l'aide d'une lunette directe, ne renversant pas les objets.

Fig. 5.

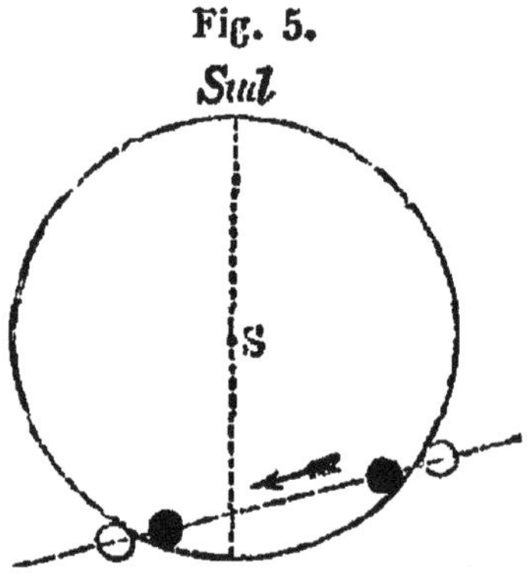

Prenons maintenant un autre pays situé dans l'hémisphère nord, soit Yokohama, au Japon. A $11^h 0^m 42^s$, heure du pays (il était alors $1^h 51^m 21^s$ à Paris), on a vu une échancrure entamer le bord oriental du Soleil, c'est-à-dire à sa gauche. La planète est tout à fait entrée à $11^h 27^m 42^s$. Elle s'avance vers l'ouest, atteint le bord opposé du Soleil à $3^h\ 22^m$, l'échancre et disparaît tout à fait à $3^h\ 49^m\ 42^s$. Le passage a duré $4^h\ 49^m$

Fig. 6.

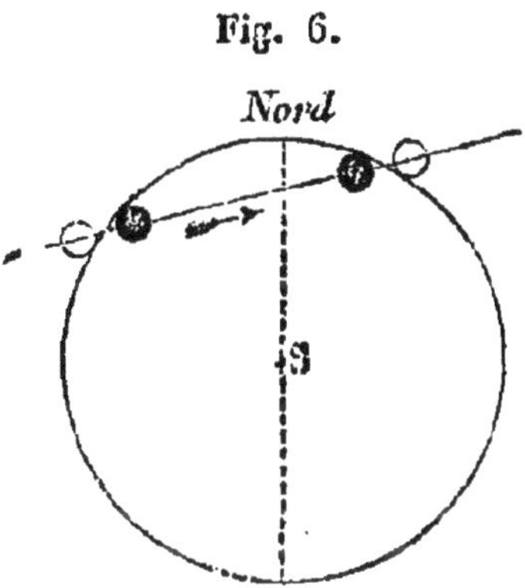

(19 minutes de plus qu'à l'île Amsterdam), a commencé treize minutes plus tôt et fini six minutes plus tard.

Il existe, par le fait, deux méthodes pour déduire la parallaxe solaire de l'observation du passage. La première, celle de Halley, repose sur la différence des durées de passage observées dans deux stations choisies de manière que cette différence soit la plus grande possible. La seconde, due à l'astronome français de l'Isle, repose sur la différence des heures des contacts apparents, ramenés en terme moyen du premier méridien, déterminées dans deux lieux choisis, de telle sorte que ces différences soient également aussi grandes que possible.

Au point de vue de l'exactitude de l'observation et pour s'affranchir des influences de la réfraction et des ondulations des images, il faut, en outre, que les lieux d'observation soient choisis de telle sorte que le Soleil ait une certaine élévation au-dessus de l'horizon; aussi est-ce sur ce choix que les astronomes ont, depuis plusieurs années, arrêté leur attention, afin que les fameuses différences dont nous venons de parler deviennent aussi grandes que possible.

D'après l'avis de la Commission nommée à cet effet par le Bureau des Longitudes, les astronomes français se sont établis à l'île Saint-Paul, à Nouméa, et à l'île Campbell d'une part; à Pékin, à Yokohama et à Saïgon d'autre part. Les astronomes anglais se sont distribués à Alexandrie, aux îles Kerguelen, Rodrigues, Sandwich et Auckland, et jusqu'au cercle polaire antarctique. Les stations de la Nouvelle-Zélande ont été reliées à l'Australie avec Sydney et Melbourne, dont les longitudes sont bien déterminées. Les Allemands ont envoyé des observateurs au Japon, aux îles Kerguelen, Auckland et Maurice. Le gouvernement russe a fait des préparatifs considérables, et n'a pas choisi moins de vingt-sept stations qu'il serait trop long de mentionner ici, et qui étaient disséminées tout le long de la Russie, de la Sibérie, de la Chine et du Japon. Les deux Amériques, qui étaient, comme la France, pendant la nuit à l'heure du passage, ont été représentées par des observateurs échelonnés dans les îles de l'océan Pacifique et jusqu'en Asie, par exemple sur le territoire de Wladisvostok, par 43 degrés de latitude et 8^h 38^m de longitude orientale.

Pour subvenir aux frais de toutes ces expéditions, les différents gouvernements ont voté des crédits spéciaux, qui leur sont affectés; l'Assemblée nationale de

France a accordé, le 26 juillet 1872, une somme de 300 000 francs, qui n'a pas suffi. Les États-Unis d'Amérique ont voté, pour leurs observateurs, une somme de 750 000 francs ; le gouvernement anglais une somme de 150 000 francs, etc. Si nous avons bien compris la méthode exposée plus haut, nous comprenons l'importance du choix de ces stations disséminées jusqu'aux régions du globe les moins fréquentées. Il est sensible que toute la réussite de la détermination exacte de la parallaxe du Soleil repose sur la précision avec laquelle on détermine en ces diverses stations les instants où le disque de Vénus est tangent intérieurement ou extérieurement au disque du Soleil. Mais est-il possible de constater ces instants avec une précision mathématique ? J'en doute fort.

Le 5 novembre 1868, la planète Mercure est passée devant le Soleil. J'ai observé ce passage avec le plus grand soin. L'entrée était invisible, le Soleil n'étant pas encore levé à Paris à l'heure où elle s'est effectuée. La sortie seule a été visible, et voici ce que j'écrivais dans la relation de ce passage :

« C'est vers $9^h 9^m 30^s$ que la planète arriva en contact interne avec le limbe lumineux du Soleil et commença sa sortie. Je ne donne pas cet instant comme rigoureusement déterminé, et surtout je me garde bien d'inscrire des dixièmes de seconde, car l'observation soigneuse de ce phénomène, et surtout celle du contact externe, m'ont convaincu qu'il est absolument impossible d'être sûr de l'instant précis de l'un ou de l'autre contact à moins de *plusieurs secondes* près. L'esprit hésite pendant longtemps avant d'être bien assuré que le disque solaire est entamé ou que l'échancrure persiste encore. C'est vers $9^h\ 11^m\ 50^s$ que la planète cessa d'échancrer le limbe solaire et parut tout à fait sortie (*). »

« Pour obtenir la parallaxe solaire avec toute l'appréciation désirable, autrement dit pour justifier les préparatifs faits en vue de cette détermination, écrivais-je en 1873, il faudrait pouvoir noter à deux *secondes* près l'instant de l'entrée ou de la sortie de la planète sur le disque du Soleil. Si les observations différaient de dix, vingt et même trente secondes pour un même lieu, comme c'est arrivé en 1769, tous ces immenses préparatifs, ces dépenses, ces fatigues, ces dangers seraient assurément peine perdue pour la Science. Or il est difficile de décider si vraiment les observations pourront être faites avec le degré de précision indispensable au calcul. Que l'on s'en souvienne, la parallaxe du Soleil est aujourd'hui connue à quelques centièmes de seconde d'arc près : elle est de 8",91 avec une erreur possible qui ne peut aller jusqu'à un dixième de seconde. On sait déjà qu'elle ne peut pas être inférieure à 8",85 ni supérieure à 8",95. C'est donc sur des quantités fort petites que portera la vérification, et elle ne sera faite que si l'appréciation des contacts est donnée à 1 ou 2 secondes près, ou, à la dernière limite, à moins de 5 secondes. Aussi est-ce là actuellement la plus grande préoccupation des astronomes. »

M. Edmond Dubois, examinateur de la Marine, qui a publié en 1874 un petit traité spécial sur ce fameux

(*) *Voir* cette observation dans mes *Études sur l'Astronomie*, t. III, p. 193.

passage, a étudié relativement à ces instants de contact l'influence de la réfraction atmosphérique, laquelle abaisse, comme on le sait, tous les astres dans le ciel et nous les fait voir au-dessous de leur position réelle. Cette influence est inférieure à 67 centièmes de seconde. Si l'on examine maintenant les contacts de la planète avec le Soleil, on remarque qu'il y en a quatre : le premier lorsque Vénus arrive à toucher le bord du Soleil avant d'entrer sur son disque : c'est un contact externe ; le second lorsque Vénus, entièrement dessinée comme un petit cercle noir sur le Soleil, se détache du bord par lequel elle est entrée : c'est un contact interne ; le troisième s'opère lorsque la planète arrive au bord du disque solaire, et c'est encore un contact interne ; le quatrième quand elle a entièrement traversé ce bord occidental et que l'échancrure disparaît.

De ces quatre contacts, les internes sont ceux qui peuvent être notés avec la plus grande précision. J'ai dit plus haut toutefois que l'observation du passage de Mercure m'avait convaincu qu'on ne pouvait les constater qu'avec une incertitude de plusieurs secondes. Voici la cause principale de cette indécision.

Considérons le moment où le petit cercle noir de Vénus, ayant échancré et traversé le bord oriental du Soleil, va se dessiner entièrement sur le disque solaire qu'il doit traverser. Il semble qu'à l'instant précis où le second bord de Vénus arrive en dedans du bord du Soleil, on devrait voir simplement et nettement un petit cercle noir bien dessiné sur le grand disque blanc du Soleil, et le touchant à peine au point de contact (*fig.* 7). Mais, au lieu de se séparer immédiatement du bord du Soleil et de laisser voir subitement un filet de lumière constatant la séparation, le petit cercle noir de Vénus, qui continue à avancer sur le disque so-

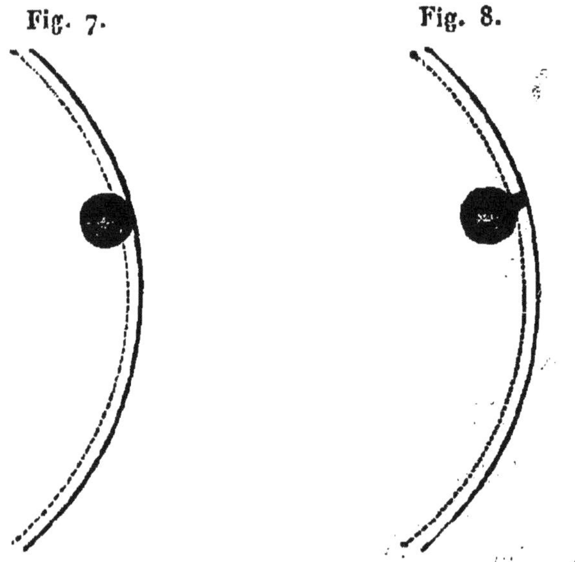
Fig. 7. Fig. 8.

laire, entraîne derrière lui un ligament noir (*fig.* 8), comme une goutte d'encre visqueuse, qui lui reste attaché jusqu'à une certaine distance, s'étire comme du caoutchouc, et enfin se rompt brusquement. Avant la sortie, c'est-à-dire au moment du second contact interne, le même effet se produit, mais en sens inverse, et quelquefois sans que les ligaments de l'entrée et de la sortie aient les mêmes dimensions. Pendant ce temps-là, le pendule a battu bien des secondes, et, comme on n'a su à quel moment décider de l'instant réel du contact, l'observation s'est passée sans donner les résultats précis nécessaires à la solution du problème. Le phénomène revêt plusieurs apparences, comme on peut le voir sur notre *fig.* 9, représentant quatre observations différentes de l'entrée de Mercure en 1868. Il est visible que la première ne peut servir à rien, que la deuxième est un peu moins mauvaise, et que la dernière seule pourrait à peine être utilisable, en tenant compte de la distance à laquelle le ligament va casser.

Fig. 9.

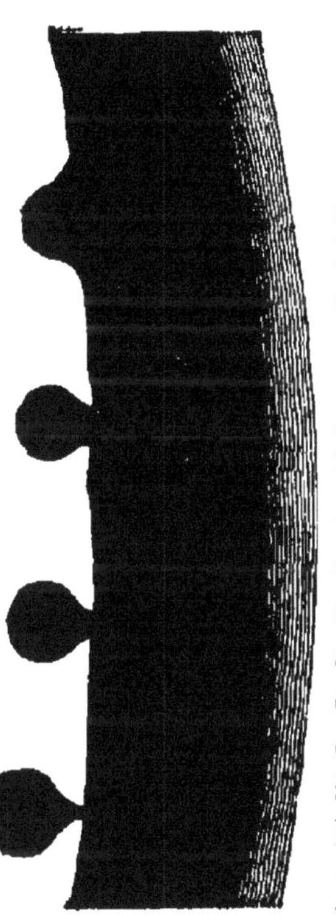

On conçoit qu'il était de la plus haute importance de ne pas s'embarquer pour l'observation du passage avant d'avoir appris à éviter autant que possible cette cause d'erreur. Deux astronomes de l'Observatoire de Paris, MM. Wolf et André, ont voulu faire des expériences à ce sujet en imitant artificiellement le passage de Vénus devant le Soleil. Pour représenter le Soleil, on découpa dans un écran opaque une ouverture circulaire d'un diamètre déterminé par la distance à laquelle on devait observer, et l'on éclaira fortement cette ouverture à l'aide d'une source de lumière très-vive. Puis on fit mouvoir un petit disque opaque et noirci devant cette ouverture, à l'aide d'un chariot d'une machine à diviser : il venait toucher le bord du Soleil et disparaissait ensuite derrière l'écran figurant le fond du ciel. Les deux observateurs ont constaté par là que le phénomène de la goutte noire n'est pas un effet d'irradiation, mais qu'il est produit par une aberration un peu forte due aux objectifs des lunettes. Ils ont ensuite entrepris des expériences pour bien définir les circonstances dans lesquelles il faut se placer pour observer le moment du contact réel avec la précision requise. La mire représentant le Soleil et Vénus a été placée dans une salle du Luxembourg, à 1300 mètres de l'Observatoire, où les lunettes étaient disposées. La conclusion a été qu'une éducation spéciale était nécessaire pour amener un observateur à estimer d'une manière constante le phénomène des contacts, qu'après cette éducation il persiste toutefois entre les différents observateurs des différences à peu près constantes et assez considérables, et qu'un observateur exercé peut, par des circonstances atmosphériques favorables et à l'aide d'un excellent objectif d'environ 20 centimètres d'ouverture, apprécier les contacts intérieurs à 0,2 de seconde près. Si l'atmosphère est onduleuse, l'erreur commise peut aller à 4 ou 5 secondes.

D'autre part M. Airy, directeur de l'Observatoire de Greenwich, et M. Stone, astronome au même Observatoire, ont étudié la même question des contacts et donné les indications nécessaires pour que l'erreur d'observation soit atténuée le plus possible.

Quant aux contacts externes, il ne semblait pas qu'on pût les observer avec une précision suffisante, lorsque le P. Secchi, directeur de l'Observatoire du Collége Romain, et M. Zöllner, astronome allemand, ont proposé chacun une méthode basée sur l'emploi du spectroscope et qui permet de fixer avec précision le point du contact géométrique, en montrant le tour du Soleil, son atmosphère, ses protubérances, régions gazeuses visibles au spectroscope par les raies spectrales qu'elles y dessinent, et qui sont masquées lorsque Vénus se trouve dans le voisinage du Soleil sans encore l'atteindre. Malgré ces efforts, toutefois, les contacts externes sont encore plus difficiles à déterminer exactement que les contacts internes.

Ce n'est pas tout. Une nouvelle cause d'erreur a été révélée dernièrement par l'observation journalière du Soleil. Le contour apparent du Soleil n'est pas stable : il s'y produit constamment des variations, des affaissements, des gonflements, des dénivellations. Cette variation peut accélérer ou retarder l'apparition du filet de lumière, et produire des différences s'étendant jusqu'à 10, 20 et 30 secondes ! Il réside donc dans ce fait une cause d'erreur plus terrible que toutes les autres ; car il est difficile d'en faire la part exacte.

Ainsi, en examinant minutieusement le sujet, on voit quelles difficultés de détails pouvaient empêcher les mesures d'être aussi sûres, aussi absolues qu'on le désirait. Si les contacts ne pouvaient être fixés à moins de cinq secondes près, on n'aurait eu qu'une répétition de ce que l'on savait déjà, sans plus d'approximation. S'ils pouvaient être fixés à une ou deux secondes près, on aurait le résultat désiré. Fort heureusement on résolut de ne pas s'en tenir à cette méthode, et d'observer successivement toutes les positions du passage, afin de mesurer directement les distances qui séparent les projections observées aux différents points d'observation, comme nous l'avons expliqué au commencement de cette étude. La parallaxe du Soleil s'obtient ainsi en notant le plus grand nombre de positions possible de la planète pendant son passage et en mesurant les distances des centres de la planète au centre du Soleil.

Pour éviter les erreurs d'appréciation dues à l'œil humain et à notre système nerveux, on peut prendre directement ces positions en les photographiant. Il y a vingt ans que M. Faye a proposé l'application de la photographie à l'enregistrement des positions de Vénus; le savant académicien trouvait avec raison trop de difficultés dans les mesures héliométriques et ne doutait pas que les meilleurs résultats ne fussent obtenus par l'observation photographique et l'enregistrement électrique de la production des images.

Il suffirait à la rigueur d'obtenir deux images photographiques du Soleil à deux instants bien déterminés pour pouvoir tracer sur le disque solaire la route de la planète, qui peut être considérée comme une ligne droite passant par les deux positions obtenues. Mais il est possible d'obtenir des photographies à des intervalles de deux minutes et moins, c'est-à-dire plus d'une trentaine par heure, ce qui porte à plusieurs centaines le nombre de photographies que l'on a pu obtenir dans chacune des stations où la photographie a été appliquée.

Le temps de pose n'étant que de $\frac{1}{10}$ de seconde, l'heure exacte de chaque épreuve peut être déterminée avec la plus grande précision. Depuis plus de dix ans, on fait la photographie quotidienne du Soleil dans plusieurs Observatoires, notamment à Kew, près de Londres, et à Lisbonne en Portugal. Notre *fig.* 10 reproduit l'une de ces photographies. En employant un photohéliographe de dimensions convenables, on peut représenter le Soleil par un disque de 1 décimètre de diamètre. Une seconde d'arc est à cette échelle de un demi-dixième de millimètre. Or la corde solaire parcourue par Vénus est de 19'30" et la durée du passage sera de $4^h 10^m$ en moyenne. Vénus met donc environ treize secondes de temps à parcourir une seconde d'arc sur sa trajectoire, c'est-à-dire à se déplacer de un demi-dixième de millimètre sur l'épreuve photographique. En agrandissant l'image obtenue de manière à donner au Soleil 1 mètre de diamètre, la seconde d'arc serait représentée par un demi-millimètre, quantité appréciable. Si l'on peut donc obtenir sans déformation et sans perte de netteté une image agrandie de la portion utile du disque solaire, on détermine la position du centre de Vénus à sa distance minimum du centre du Soleil, avec une approximation beaucoup plus grande que celle de l'heure des contacts.

Il y a des précautions à prendre pour que l'image photographique du Soleil soit le moins déformée possible (car l'objectif déforme inévitablement), et pour mesurer la quantité de la déformation ; pour étudier le rétrécissement du collodion, pour déterminer exactement les angles de position, pour choisir les stations les mieux appropriées au procédé photographique, etc., M. Faye en France, M. Warren de la Rue en Angleterre, M. Rutherfurd en Amérique, et M. Paschen en Alle-

Fig. 10.

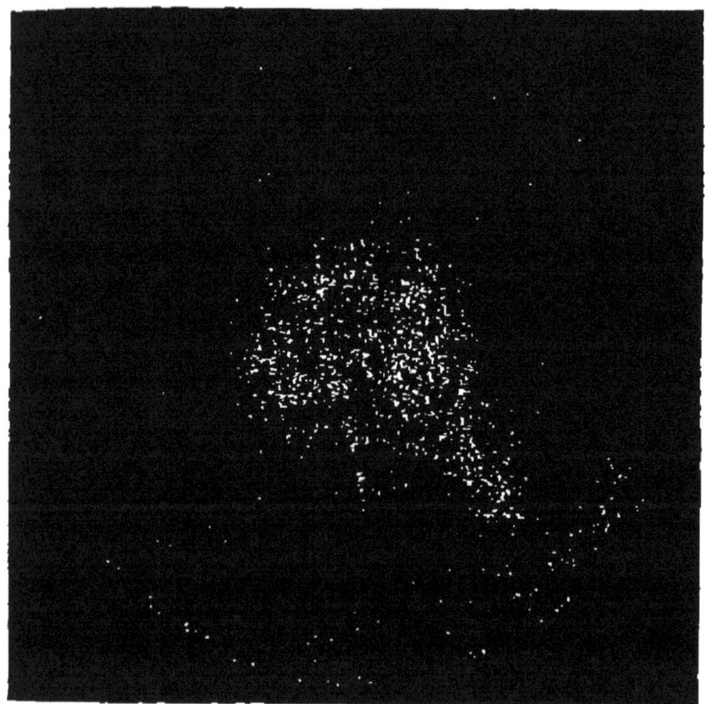

Spécimen d'une photographie du Soleil.

magne ont étudié ces précautions. En définitive la méthode photographique est la préférable. En publiant d'avance diverses études sur ce sujet, nous manifestions l'espérance qu'elle suppléerait entièrement aux *desiderata* énoncés plus haut dans la discussion des difficultés relatives à l'observation des contacts, ajoutant que, grâce à elle, la parallaxe du Soleil pourrait être déterminée avec toute la précision requise. La combinaison des observations doit prouver si le chiffre est un peu inférieur ou un peu supérieur à 8",91, si la distance qui nous sépare de l'astre du jour est réellement de 148 millions de kilomètres, ou bien s'il faut diminuer ou augmenter ce chiffre d'une légère fraction. Ainsi devait être conclu le calcul de la plus gigantesque base de mesure qu'il aura été donné à l'homme de découvrir et de connaître; base jetée de la Terre au Soleil, comme un pont suspendu qui nous permet de voyager à travers le système, de voir changer les perspectives célestes, et de saisir un aperçu de l'architecture générale de l'univers.

IV.

ÉPOQUES DES PASSAGES DE VÉNUS.

La combinaison du mouvement de la Terre et du mouvement de Vénus sur leurs orbites respectives fait que Vénus ne peut passer devant le Soleil qu'aux intervalles singuliers de 113 ans et demi plus ou moins huit ans. Ainsi il y a eu un passage au mois de décembre 1631 ; le suivant a eu lieu huit ans plus tard, en décembre 1639. Celui qui vient ensuite a eu lieu au mois de juin 1761, c'est-à-dire 113 ans et demi, *plus* huit ans, ou 121 ans et demi après le dernier. Le suivant est arrivé huit ans après, en juin 1769. Maintenant, pour obtenir la date du nouveau passage, il faut ajouter à la date précédente 113 ans et demi, *moins* huit ans, ou 105 ans et demi, ce qui donne décembre 1874.

C'est le dernier passage. Celui qui lui succédera arrivera huit ans plus tard, en décembre 1882. Ensuite nous n'en aurons plus avant un nouvel intervalle de 113 ans et demi *plus* huit ans, ou de 121 ans et demi, c'est-à-dire avant le mois de juin de l'an 2004, lequel sera suivi huit ans après par celui du mois de juin de l'an 2012, et ainsi de suite.

Voici les dates des passages de Vénus devant le Soleil, depuis l'invention des lunettes jusqu'au XXXe siècle de notre ère, ou du moins jusqu'à cette époque, car il est douteux que l'ère chrétienne, qui est déjà vieille de dix-neuf siècles, dure jusque-là.

			Phase centrale.	Durée.
			h m s	h m
	1631	6 décembre à	17.28.49	3.10
	1639	4 décembre	6. 9.40	6.34
235 ans.	1761	5 juin	17.44.34	6.16
	1769	3 juin	10. 7.54	4. 0
235 ans.	1874	8 décembre	16.16. 6	4.11
	1882	6 décembre	4.25.44	5.57
235 ans.	2004	7 juin	21. 0.44	5.30
	2012	5 juin	13.27. 0	6.42
235 ans.	2117	10 décembre	15. 6.37	4.46
	2125	8 décembre	3.18.40	5.37
235 ans.	2247	11 juin	0.50.23	4.16
	2255	8 juin	16.53.56	7.12
235 ans.	2360	12 décembre	13.59. 9	5.25
	2368	10 décembre	2.10. 2	4.59
235 ans.	2490	12 juin	3.58.35	2. 4
	2498	9 juin	20.21. 2	7.33
235 ans.	2603	15 décembre	12.54.16	5.53
	2611	13 décembre	1.11.12	4.30
235 ans.	2733	15 juin	7.23.56	courte.
	2741	12 juin	23.43.59	7.46
236 ans.	2846	16 décembre	11.53.15	6.14
	2854	14 décembre	0.13.29	3.48
	2976	17 juin	19.23.30	très-courte.
	2984	14 juin	3. 2.22	7.52

On voit que les astronomes ne se laissent pas prendre au dépourvu. L'Astronomie est du reste la seule science qui jouisse du privilége de lire dans l'avenir comme dans le passé, et elle en profite pour elle-même.

En examinant ce tableau, on remarque aussi que la période de cent treize ans et demi plus ou moins huit ans n'est pas la seule que l'on puisse employer pour prédire ces passages, et qu'ils reviennent aux mêmes mois, dans une période de deux cent trente-cinq ans et de huit ans.

Les détails spéciaux du prochain passage, du 6 décembre 1882, sont déjà calculés avec précision, et les meilleures stations d'observation sont déterminées. Déjà même les conditions des passages du 7 juin de l'an 2004 et du 5 juin l'an 2012 ont été discutées et réglées, et l'on pourrait presque dire que les diverses Commissions sont prêtes à partir, — abstraction faite des noms des astronomes qui les composeront.

V.

OBSERVATIONS FAITES PENDANT LES ANCIENS PASSAGES.

Kepler fut le premier qui, en 1626, après avoir dressé sur les observations de Tycho-Brahé ses tables Rudolphines, osa prédire les époques où Vénus et Mercure passeraient devant le Soleil (*). Il annonça un passage de Mercure pour 1631 et deux passages de Vénus, l'un pour 1631 et l'autre pour 1761. Le passage de Mercure fut observé le 15 novembre 1631, huit jours avant la mort du grand astronome. Celui de Vénus ne fut pas observé; Gassendi, qui s'y était préparé, fut empêché par la pluie de diriger sa lunette vers le Soleil. Mais, lors même qu'il aurait fait beau en France, on n'aurait pas aperçu le passage, car il s'effectua pendant la nuit pour les observateurs européens, ce qui est le cas du dernier passage.

Le second passage de Vénus qui ait été annoncé est celui de 1639. Il fut observé en Angleterre par Horrox et Crabtree.

Jérémie Horrox était un jeune curé du village de Hoole, près de Liverpool, dévoué aux travaux de l'Astronomie. A l'aide des tables de Laensberg, corrigées

(*) *Admonitiuncula ad curiosos rerum cœlestium*. Leipzig, 1626.

par lui d'après ses propres observations, il avait prédit le passage de 1639, et s'était préparé à l'observation en l'annonçant à son ami Crabtree, de Manchester. Son mode d'observation était de recevoir l'image du Soleil à travers la lunette sur une feuille de papier blanc. Un cercle de 6 pouces de diamètre, marqué sur le papier, indiquait les contours de cette image ; un fil à plomb donnait la verticale, et en marquant les positions successives de la planète sur le disque solaire, il pouvait trouver plusieurs éléments de Vénus, tels que son diamètre, l'inclinaison de son orbite, la position du nœud et le moment du passage. D'après ses calculs, celui-ci devait commencer dans l'après-midi du 24 novembre (vieux style). De crainte d'erreur, il observa dès le 23, mais sans rien trouver ; le dimanche 24, en revenant des offices, il vit la tache noire de Vénus sur sa feuille de papier blanc. C'était la récompense de son travail. Ces observations ont été fort utiles au perfectionnement des tables de Vénus. Remarque curieuse, il craignait un ciel couvert, parce que Jupiter et Mercure se trouvaient en conjonction avec le Soleil en même temps que Vénus, et que Mercure, selon les astrologues, amenait sûrement le mauvais temps. On pourrait trouver ici quelques coïncidences entre cette opinion et la remarque faite récemment, que le nombre des taches solaires a du rapport avec les positions de Vénus et de Jupiter, et que les cyclones en ont aussi avec le nombre des taches solaires.

Ce laborieux astronome fut enlevé à la science à l'âge de *vingt-trois ans !* Son ami Crabtree observa à Manchester, et chanta, en un dithyrambe mythologique, l'union de la déesse Vénus avec le dieu du jour. L'importance astronomique du phénomène, dans son application à la recherche de la distance du Soleil, était encore inconnue, car ce n'est que plus tard que Halley, reprenant une idée émise par Grégory, en 1663, montra que ces passages pouvaient servir à la solution du problème.

L'Académie des Sciences comprit l'importance de cette méthode pour la détermination de l'unité fondamentale des distances célestes. L'un de ses Membres les plus laborieux, de l'Isle, publia, au mois d'août 1760, une mappemonde sur laquelle des cercles qu'il avait tracés indiquaient l'heure à laquelle en chaque lieu du globe l'entrée et la sortie de Vénus sur le disque du Soleil devraient avoir lieu. Cette mappemonde montra l'inutilité de la station que les Anglais avaient préparée dans l'Amérique septentrionale d'après les indications de Halley. Modifiant la méthode de l'astronome anglais, de l'Isle indiquait comment, dans des lieux choisis convenablement et dont la longitude serait exactement connue, la seule observation d'un contact, soit à l'entrée, soit à la sortie, fournirait les éléments de la solution du problème. C'était utiliser toutes les observations possibles. Sa méthode a servi autant que la première dans l'étude du passage de 1874. Cent soixante-seize observateurs de toutes les nations, disséminés dans cent dix-sept stations, observèrent des phases du phénomène ou prirent des distances micrométriques. Bien des travaux furent édifiés là-dessus; le principal est celui que l'astronome Encke, alors sous-directeur de l'Observatoire de Seeberg, publia en 1822; sa conclusion fut que la parallaxe du Soleil devait être fixée à 8",49, moyenne entre les deux limites extrêmes 8",43 et 8",55 conclues de sa discussion des observations. Mais, à cause des erreurs considérables dans les observations, ce résultat ne pouvait avoir une grande valeur réelle.

Ce passage de 1761 servit en réalité de répétition générale pour le passage de 1769. Ici tous les astronomes étaient préparés en connaissance de cause. Ce passage avait surexcité au plus haut point le zèle des observateurs. On savait qu'il devait s'écouler plus d'un siècle avant que le même phénomène se renouvelât, et cette circonstance était bien faite pour empêcher les plus indifférents de laisser échapper une occasion aussi précieuse. Les observateurs furent au nombre de 149, disséminés dans quatre-vingt-une stations différentes. Malgré toutes les précautions prises, il y eut encore des divergences considérables entre les appréciations, si bien que, immédiatement après la discussion de toutes les observations, Lalande se crut en droit de fixer la parallaxe du Soleil à 8",50; le P. Hell, à 8",70; Hornsby, à 8",78; Euler, à 8",82; Pingré, à 8",88; chacun pouvant se taxer de la même exactitude. Encke publia en 1824 sur ce passage un Mémoire analogue à celui qu'il avait publié sur le précédent, et conclut à 8",60. Powalky, Le Verrier, Stone ont repris la discussion; mais, en définitive, tout ce qu'on a pu tirer en réalité du passage de Vénus en 1769, c'est que la parallaxe du Soleil est de 8",8, à un dixième de seconde près, et sans s'aviser d'écrire les centièmes. Cela tient surtout, on le comprend aujourd'hui, à ce que le phénomène des contacts n'est pas aussi simple qu'on le croyait.

Trois astronomes sont tombés victimes de leur dévouement à la Science, pendant l'observation de ce passage : Chappe d'Auteroche, Medina et Green. Le premier, atteint en Californie par l'épidémie qui y régnait, s'en fût peut-être tiré sans une imprudence. Il entrait en convalescence lorsque arriva une éclipse de Lune, qu'il voulut absolument observer, malgré son état de faiblesse. Cette fatigue lui occasionna une rechute dont il mourut, à l'âge de 41 ans. Trois jours avant sa mort, il disait à ses amis : « Je sais bien qu'il faut finir et que je n'ai que peu de temps à vivre, mais j'ai rempli ma mission et je meurs content. »

Huit ans auparavant il avait déjà observé le passage de 1761, en Sibérie. Son histoire est si curieuse que nous ne pouvons résister au désir de la résumer ici.

En 1761, l'abbé Chappe d'Auteroche avait parcouru 800 lieues en traîneau pour se rendre de Saint-Pétersbourg à Tobolsk, et dans ce rapide voyage, qui avait duré douze jours environ, pas une heure ne s'était écoulée sans que le voyageur n'éprouvât les craintes les plus sérieuses sur le sort des instruments de précision qui devaient servir à l'accomplissement de sa mission scientifique. Il arriva néanmoins heureusement en temps utile, grâce à son initiative et à son énergie. Les autorités russes, plus tard très-hostiles, lui furent à ce début favorables, et son observatoire s'éleva bientôt sur une colline voisine de la cité.

Il fut fort heureux pour l'intrépide savant que le gouverneur et l'archevêque de Tobolsk l'eussent pris tout d'abord sous leur protection. D'épouvantables cataclysmes de tous les genres avaient désolé la Sibérie durant l'année précédente; or l'ignorante population de la triste cité ne manqua pas d'imaginer que cet étranger, qui se servait continuellement d'un brillant quart de cercle et qui observait les astres avec un immense télescope, ne pouvait être autre chose qu'un odieux magicien, commandant aux éléments à son gré, se jouant surtout du cours des grands fleuves qu'il faisait déborder ou rentrer à son gré dans leur lit, et préparant de nouveaux désastres à la ville malheureuse qui avait déjà tant souffert. Mais on eut heureusement la sagesse de défendre le savant abbé contre les conséquences possibles de ces préjugés populaires. Une garde particulière lui fut donnée à son insu, et il poursuivit ses opérations sans se douter des dangers dont il était menacé sur terre, lui qui ne songeait qu'aux mésaventures dont pouvaient le menacer en haut les perturbations de l'atmosphère.

Les autorités ecclésiastiques et militaires de la province avaient été invitées par l'académicien français à assister à ses observations; des tentes bien closes avaient été préparées pour les recevoir. La grande Catherine, qui savait choisir ses hommes, n'avait envoyé que des personnages vraiment éclairés pour gouverner ces parages lointains; leur autorité, qui contrastait avec la population barbare et superstitieuse de cette portion du monde asiatique, faisait surtout souhaiter à l'abbé Chappe que nul empêchement provenant du mauvais vouloir des hommes ne se joignît aux obstacles qu'il prévoyait, et que l'inconstance du climat de la Sibérie lui faisait redouter à tout moment. Avant de raconter son succès, laissons-lui peindre ses émotions :

« J'employai la journée du 5 à disposer tous mes instruments, et me déterminai à passer la nuit dans mon observatoire. Je n'avois rien à désirer ; tout m'annonçoit le succès... Le ciel était serein, le soleil se coucha sous un horizon dégagé de vapeurs ; la tendre lueur du crépuscule et le calme parfait qui régnoit dans la nature portoient le plaisir dans mon âme tranquille. Je fis souper tout mon monde ; mon bonheur me suffisoit. Je ne fus pas heureux longtemps. Étant sorti vers 10 heures pour en jouir dans le silence, je fus anéanti à la vue des brouillards qui privoient les étoiles d'une partie de leur lumière. Consterné, je parcours l'horizon : des nuages se forment déjà de toutes parts ; ils deviennent plus épais à chaque instant ; l'obscurité de la nuit augmente, le ciel disparoît, et bientôt tout l'hémisphère, couvert d'un seul et sombre nuage, fait évanouir toutes mes espérances et me plonge dans le désespoir le plus affreux.

» L'observation de ce passage offroit à l'univers, pour la première fois, le moyen de déterminer avec exactitude la parallaxe du Soleil. Ce phénomène, attendu depuis plus d'un siècle, fixoit les vœux de tous les astronomes : tous désiroient d'en partager la gloire. Le célèbre Halley, en l'annonçant, fit voir le premier l'importance de ce phénomène, et emporta au tombeau le regret de ne pouvoir en être témoin... Revenir en France sans avoir rempli l'objet de mon voyage, être privé du fruit de tous les dangers que j'avois courus, des fatigues auxquelles je n'avois résisté que par le désir et l'espérance du succès, en être privé par un nuage au moment même où tout me l'assuroit, ce sont des situations qu'on ne peut que sentir.

» Je passai toute la nuit dans cette cruelle situation. Je sortois, je rentrois à chaque instant; je ne pouvois rester ni assis, ni debout, tant j'étois agité.

» Il faut avoir éprouvé ces cruels moments pour pouvoir jouir de l'excès du plaisir que me procura le lever du Soleil en faisant renaître mes espérances. Les nuages étoient cependant encore si épais, que cette contrée restoit plongée dans les ténèbres quoique cet astre l'éclairât. Une teinte rougeâtre répandue sur les nuages étoit presque le seul indice de sa présence; mais un vent d'est chasse ce sombre voile vers le couchant, et met bientôt à découvert une partie du ciel à l'horizon : elle augmente insensiblement; les nuées offrent déjà une couleur blanchâtre qui s'anime à chaque instant; la joie coule dans tous mes membres et donne une nouvelle vie à toute mon existence... On ne voyoit cependant pas encore le Soleil, mais tout annonçoit sa prompte apparition.

» J'aperçus bientôt un des bords du Soleil : c'était le temps où Vénus devoit entrer sur cet astre, mais vers le bord opposé. Ce bord étoit encore dans les nuages. Immobile et l'œil fixé à ma lunette, mes désirs parcourent un million de fois à chaque instant l'espace immense qui me sépare de cet astre. Que ce nuage tardoit à disparaître! il se dissipe : enfin j'aperçois Vénus déjà entrée sur le Soleil, et je me dispose à observer la phase essentielle (l'entrée totale). Quoique le ciel soit parfaitement serein, la crainte trouble encore mes plaisirs. Ce moment approche, un frémissement s'empare de tous mes membres; il faut que je fasse usage de toute ma réflexion pour ne pas manquer mon observation. J'observe enfin cette phase, et un avertissement intérieur m'assure de l'exactitude de mon opération. On peut goûter quelquefois des plaisirs aussi vifs; mais je jouis dans ce moment de mon observation; j'ai en outre l'espérance qu'après ma mort la postérité jouira de l'avantage qui en doit résulter. »

Six ans environ après son retour en France, il publia, dans son *Voyage en Sibérie*, de très-intéressants détails sur la Russie asiatique. Il fit voir à l'Europe ce que la grande Catherine cachait au monde, et à elle-même. Il dévoila l'horrible façon dont on traitait des populations ignorantes, presque sauvages même, et il le fit avec une sorte d'éloquence dont l'impératrice se montra blessée avec excès. Le luxe typographique avec lequel fut publié le Voyage de Chappe, les belles gravures en taille-douce, dramatisant parfois avec exagération certains détails du texte, émurent outre mesure le caractère irascible de la souveraine. Elle se fit auteur pour réfuter le livre de son ancien protégé, publia un ouvrage très-curieux intitulé: *Antidote ou examen du mauvais livre superbement imprimé, intitulé : Voyage en Sibérie en* 1761, *par Chappe d'Auteroche*. Paris (Amsterdam), 1768. Le titre, on le voit, suffit pour faire comprendre dans quel esprit de lutte acrimonieuse il fut composé.

L'abbé Chappe, on en a la preuve, ne s'en émut pas outre mesure ; l'état du ciel l'occupait ordinairement beaucoup plus que la situation politique de la Terre. Un an après que son livre eut paru, le phénomène céleste qu'il était allé observer au Kamtschatka devait se renouveler, et la Californie était propre surtout à l'observer. Notre savant avait huit ans de plus sur la tête qu'à l'époque de son séjour à Tobolsk; mais son ardeur pour la science, loin de diminuer, s'était accrue. Il alla subir les plus grandes misères du monde sur ce point du globe qui n'était alors qu'un pays presque désert, et que ses mines d'or, ignorées en ce temps, ont fait un rival heureux du Pérou.

Chappe ne fut pas plutôt arrivé à Saint-Blas, lieu désigné par l'Espagne, alors propriétaire de la Californie, pour opérer ses observations, qu'il se sentit atteint par les fièvres épouvantables qui désolent parfois ces contrées. Ce grand cœur ne s'en troubla point; il comprenait toutefois que l'honneur des dernières observations devait appartenir à ses deux compagnons, les astronomes espagnols dont il était accompagné; mais un jour qu'étendu douloureusement sur un hamac emprunté à de pauvres Indiens il calculait les phases d'une éclipse de Lune, sa main défaillante laissa échapper la feuille où il traçait ses chiffres, et il expira.

Tout le monde connaît les aventures tragiques de l'astronome Le Gentil, envoyé par l'Académie des Sciences à Pondichéry pour le passage de 1761. Il arriva à l'île de France dès le mois de juillet 1760; mais, la guerre s'étant allumée entre la France et l'Angleterre, il lui fut interdit de se rendre de là à Pondichéry. Il pensa partir alors pour l'île Rodrigues, mais on le fit attendre au mois de mars 1761 pour profiter d'une frégate qui devait décidément voguer vers le but de sa mission. Il s'embarqua, fut arrêté par les calmes, continua sa route, et allait enfin aborder, quand il fallut fuir au plus vite devant les Anglais qui venaient de s'embarquer de Pondichéry.

Le navire *la Sylphide*, sur lequel il était, dut retourner à l'île de France, où il n'arriva que le 23 juin, après avoir touché à Pointe de Galles, le 30 mai. Entre ces deux stations arriva le fameux passage. Pour l'observer de son observatoire flottant, l'astronome attacha un objectif de 15 pieds de foyer à un long tube formé de quatre règles de sapin. Il fit dresser à bâbord, sur le gaillard d'arrière, un petit mât avec une drisse. Son instrument installé tant bien que mal, il constata l'entrée de la planète à l'aide d'un quartier à réflexion, puis s'attacha en quelque sorte à la lunette pour saisir le moment de l'entrée totale, dont il observa le temps précis à l'aide d'un sablier. Puis le ciel se couvrit. Le missionnaire de la science eut donc la douleur de constater que Vénus était bien sur le disque du Soleil, mais qu'il était interdit de l'observer utilement. Désespéré et consterné, il retourna à l'île de France, où il prit la résolution héroïque de partir quand même pour Pondichéry à la première occasion, et d'y *attendre pendant huit ans* le passage de 1769 ; ce qu'il fit. Alors il se mit à apprendre la langue du pays, puis à bâtir un observatoire. Tout était prêt le 3 juin 1769, au moment du passage, lorsque le ciel, qui était resté magnifique depuis un mois, se couvrit, si bien qu'il fut absolument impossible de distinguer le Soleil ! La pluie arriva.

Enfin, après une attente inquiète et fiévreuse, les nuages se dispersèrent et le Soleil brilla.... Mais Vénus venait précisément de sortir depuis quelques minutes!!... On ne cessa point de voir le Soleil tout le reste de la journée et tout le mois. Le pauvre astronome se mit à songer, dit-il lui-même dans sa relation que j'ai sous les yeux (*), au système de Manès, sur les deux principes du bien et du mal, car ce contre-temps paraissait véritablement fait exprès. « Je fus, dit-il, plus de quinze jours dans un abattement singulier, à n'avoir presque pas le courage de prendre la plume pour continuer mon journal, et elle me tomba plusieurs fois des mains lorsque le moment vint d'annoncer en France le sort de mon opération. »

La mésaventure du pauvre astronome devait être complète. Pendant qu'il attendait patiemment huit longues années le phénomène que la mauvaise fortune devait encore lui cacher, l'Académie des Sciences, ne recevant pas de ses nouvelles et ne sachant pas ce qu'il était devenu, surtout à cause de la guerre des Anglais, fut convaincue qu'il était mort et le remplaça. Un de ses amis confisqua son patrimoine par la même occasion, et, à son retour, il lui fut impossible de l'arracher. Le Gentil de la Galaisière mourut en 1792.

Green mourut à Taïti, où il s'était rendu avec le

(*) J'ai eu le plaisir de trouver dernièrement, dans une vente de livres, les deux gros volumes in-4° formant la relation de Le Gentil. Ils sont intitulés : *Voyage dans les mers de l'Inde, fait par ordre du Roi à l'occasion du passage de Vénus*. Paris, Imprimerie royale, 1781.

célèbre Cook. L'une des plus intéressantes expéditions des passages de Vénus de 1769 fut sans contredit celle de ce fameux capitaine, alors lieutenant de la marine anglaise.

Le 26 août 1768, l'*Endeavour*, petit navire de guerre de 360 tonneaux, mit à la voile de Plymouth sous ses ordres pour aller explorer les îles de la mer du Sud, comme venait de le faire le capitaine Wallis. Les instructions du lieutenant Cook lui enjoignaient en outre de commencer par se rendre, en doublant le cap Horn, à l'île de Taïti que Wallis avait explorée l'année précédente et où il avait reconnu que l'observation pouvait se faire dans d'excellentes conditions.

Le lieutenant Cook, alors âgé de quarante et un ans, était un marin qui s'était formé lui-même pendant la guerre contre la France, à laquelle il avait pris part glorieusement. Il s'était distingué depuis la paix en dressant une très-bonne carte de l'Hudson et en faisant, à propos d'une éclipse de Soleil, des observations assez exactes pour avoir eu l'honneur d'une insertion dans les *Transactions philosophiques* de la Société royale de Londres.

L'astronome du gouvernement était Green, assistant à l'Observatoire de Greenwich.

Joseph Banks, propriétaire d'un bien considérable dans le comté de Lincoln, s'était embarqué à bord de l'*Endeavour*. Ce personnage avait reçu l'éducation d'un homme du monde que sa fortune destine à jouir des plaisirs de la vie. Cependant, entraîné par un ardent désir d'acquérir d'autres connaissances, dès sa sortie de l'Université d'Oxford, il s'était mis à voyager et intrigua pour obtenir un passage. Désireux d'avoir auprès de lui un compagnon plus instruit, il engagea le Dr Solander à l'accompagner. Ce savant était un médecin suédois, disciple de Linné, qui venait de se fixer à Londres, où il avait obtenu une place dans le British Museum. Banks prit aussi avec lui deux peintres, l'un pour dessiner les passages et les figures, l'autre pour peindre les objets d'Histoire naturelle.

Le 12 avril 1769 l'*Endeavour* jetait l'ancre dans la baie de Matavaï, appelée par Wallis *baie de Port royal* et située au nord de l'île à laquelle Wallis avait donné le nom, qu'elle n'a pas conservé, d'île de Georges III. C'était dans cette baie que Wallis avait eu à lutter contre les natu-

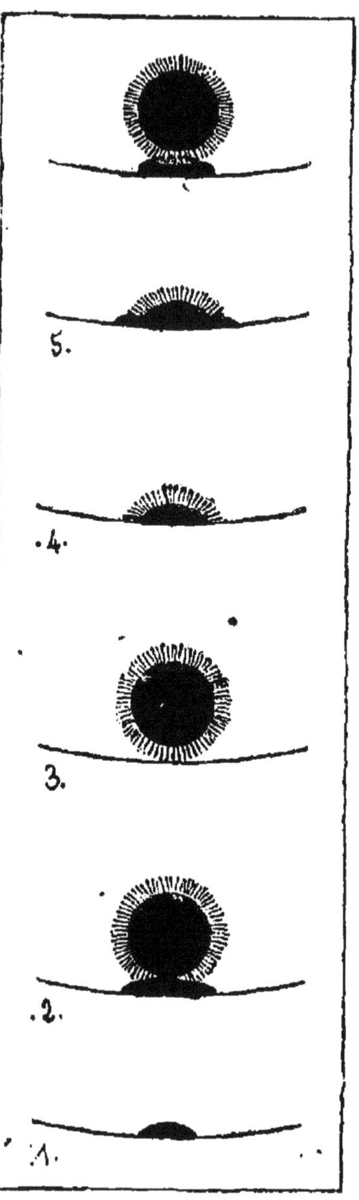

Fig. 11. Dessins de Cook, 1769.

rels, dont il avait du reste facilement triomphé, et dont les mauvaises dispositions ne pouvaient donner à Cook aucune inquiétude sérieuse. Mais, comme il fallait que les observations astronomiques se fissent en pleine paix, le capitaine du *Endeavour* se mit en devoir de faire construire un fort à la pointe nord de la baie qui est la pointe la plus nord de l'île. Elle a gardé le nom de Pointe-de-Vénus, en souvenir des observations du grand navigateur. On y voit encore aujourd'hui un grand figuier à l'ombre duquel le campement de Cook fut établi.

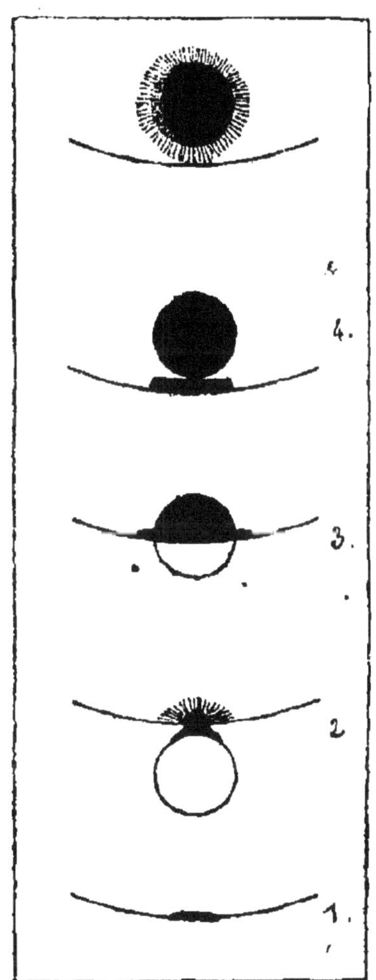

Fig. 12. Dessins de Green, 1769.

Les indigènes se prêtèrent de bonne grâce à la construction de ce fort, mais les Anglais eurent toutes les peines du monde à soustraire leurs instruments aux naturels, qui faisaient tout leur possible pour les voler.

Cook partagea son expédition en trois stations, pour diviser les hasards et être plus sûr d'un résultat. Les meilleures observations furent les siennes et celles de Green.

Nous reproduisons ci-dessus un fac-simile des dessins qu'ils ont faits eux-mêmes. On y remarque surtout l'effet d'optique que nous avons analysé plus haut, les apparences connues sous le nom de *goutte noire* ou de *ligament noir*. Aperçu par deux observateurs habiles, placés côte à côte, ayant l'un et l'autre des instruments identiques, des lunettes de 2 pieds de foyer et d'un grossissement de 140, ce mystérieux objet a éprouvé des variations fort curieuses.

On voit dans plusieurs de ces dessins une pénombre entourant Vénus. L'étendue de cette pénombre est considérable : Cook la supposa égale au huitième du diamètre de Vénus. Elle n'était pas due à l'atmosphère de Vénus, mais à l'imperfection des lunettes.

Après avoir exécuté le périple d'Otaïti, Cook reprit la suite de son célèbre voyage. Il est bon de noter qu'entre la reconnaissance de Wallis et le voyage d'exploration de Cook, Bougainville avait touché terre dans ces parages et en avait pris possession au nom du roi de France ; l'acte avait été dressé en due forme et serré dans un coffret qu'on avait enfoui en terre.

Tels sont les faits les plus mémorables relatifs aux anciens passages de Vénus.

VI.

LES EXPÉDITIONS DE 1874.

Nous avons vu que la détermination de la distance de la Terre au Soleil s'obtient en examinant la différence des positions notées par des observateurs disséminés sur différents points du globe. Le calcul du passage de la planète devant le Soleil ne se fait pas pour le centre de la Terre. Ainsi, pour un observateur supposé placé au centre de la Terre, l'entrée de Vénus sur le disque du Soleil aurait eu lieu le 9 décembre, en temps de Paris, à $2^h 10^m 15^s$ du matin ; la traversée aurait duré $4^h 11^m 45^s$ et la sortie aurait eu lieu à $6^h 21^m 57^s$. Mais, comme la Terre n'est pas réduite à son centre et qu'elle offre une certaine dimension, la position des observateurs à sa surface influe sur l'heure du passage qu'ils observent. Il y a des points pour lesquels la durée du passage est plus longue, d'autres pour lesquels elle est plus courte. Ici l'entrée ou la sortie de la planète sur le disque solaire arrive plutôt ; là elle est retardée. L'affaire importante est de chercher *les points pour lesquels les différences sont les plus grandes.*

Si le Soleil était visible à la fois de tous les points de la surface de la Terre, et si cette surface était partout solide, on déterminerait facilement les deux points opposés où il faudrait s'établir pour le plus grand succès du calcul; mais il y a deux conditions inévitables à satisfaire : il faut que les deux stations aient le Soleil au-dessus de leur horizon, c'est-à-dire qu'il y fasse jour; il faut de plus que l'on puisse s'installer sur la terre ferme et non pas sur la surface ondoyante de la mer, qui couvre, comme on sait, les trois quarts du globe.

La carte que nous avons publiée dans le tome IV montre les régions pour lesquelles le passage devait être visible. Le 117e degré de longitude coupe à peu près la moitié de la zone pour laquelle tout le passage était visible, et qui comprend du nord au sud : la Chine, le Japon, le golfe de Bengale, Sumatra, Java, la Nouvelle-Hollande, les îles Amsterdam, Saint-Paul, Auckland, Campbell, la terre Adélie, et le cercle polaire austral.

Nos *fig.* 13 et 14 représentent la Terre vue du Soleil aux moments de l'entrée et de la sortie (*moyennes*, et calculées pour les contacts internes). Dans la première, le Soleil darde ses rayons à plomb sur le centre du disque terrestre, en Australie; son élévation au-dessus de l'horizon diminue suivant les cercles marqués de 10 en 10 degrés. Il est à l'horizon pour tous les pays situés vers la circonférence du disque. Les entrées sont accélérées de 1 à 12 minutes suivant les lignes parallèles tracées à partir du centre du disque terrestre, vers la droite, et les sorties sont retardées suivant les parallèles menées du même centre vers la gauche.

Mais, pendant la durée du passage, la Terre tourne et emporte l'Australie loin de la verticale solaire, comme on le voit sur la *fig.* 14, qui représente la position de la Terre au moment de la sortie. Les stations françaises étaient, au nord de l'équateur, Pékin,

Fig. 13.

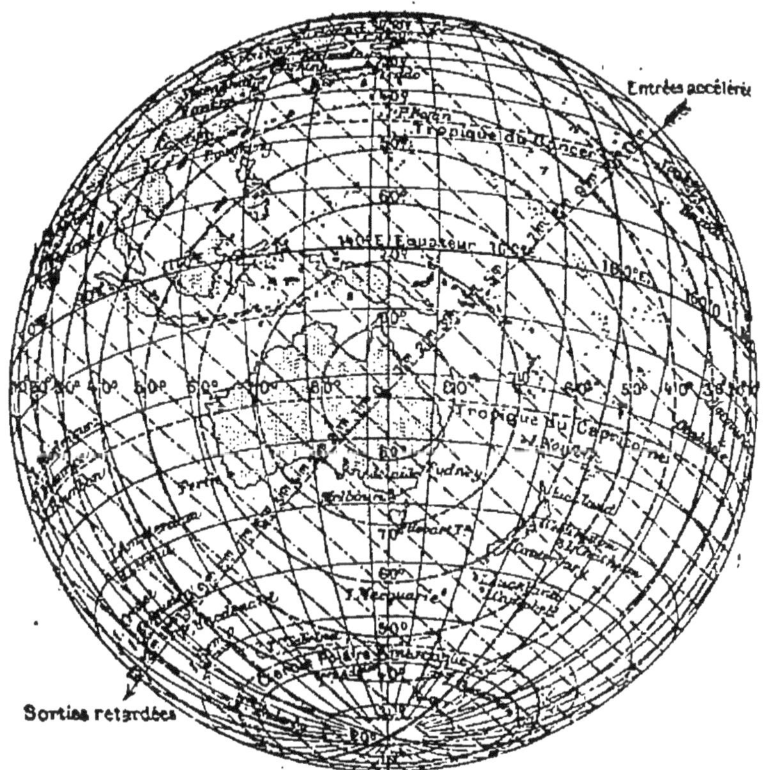

Les Lignes *marquées* ——— *indiquent l'avance et le retard en minutes.*
Les Cercles *marqués* .... *indiquent la hauteur du Soleil au-dessus de l'horizon*

Position de la Terre au moment de l'entrée moyenne de Vénus sur le Soleil.

8 décembre, $14^{h} 6^{m} 30^{s}$ (t. m. de Paris).

Yokohama et Saïgon; au sud, Nouméa, l'île Saint-

Paul et l'île Campbell. On voit que toutes les six

Fig. 14.

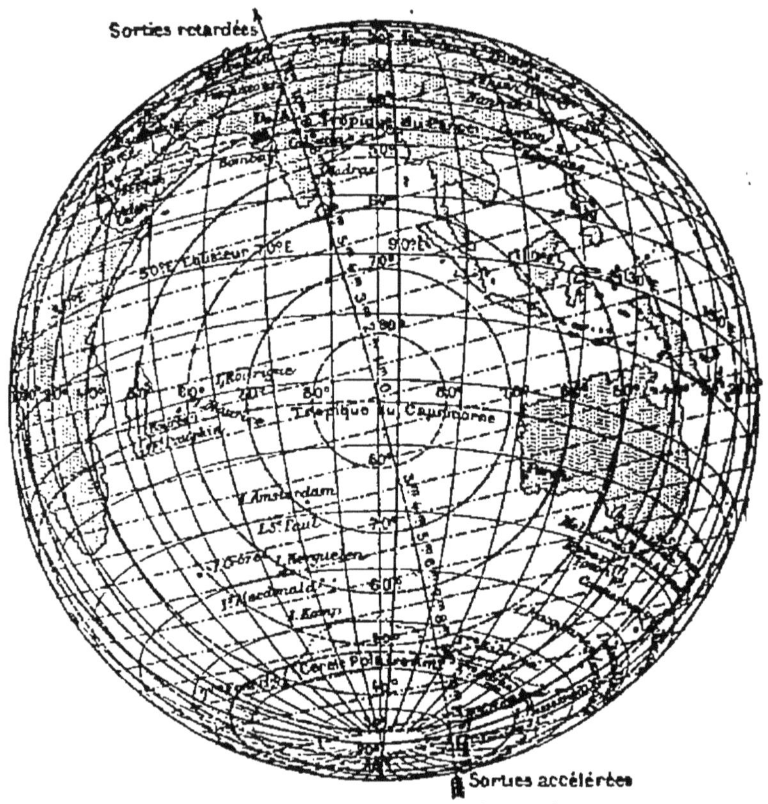

Les Lignes marquées .... indiquent l'avance et le retard en minutes
Les Cercles marqués .... indiquent la hauteur du Soleil au-dessus de l'horizon

Position de la Terre au moment de la sortie moyenne de Vénus sur le Soleil.

8 décembre, $17^h 47^m 44^s$ (t. m. de Paris).

étaient choisies pour voir l'entrée et la sortie, c'est-à-dire toute la durée du passage.

Le personnel de ces six stations avait été constitué de la manière suivante :

Mission de l'île Campbell.

M. Bouquet de la Grye, ingénieur hydrographe de la Marine, chef de mission.
M. Hatt, sous-ingénieur hydrographe de la Marine.
M. Courrejolles, lieutenant de vaisseau.
M. Filhol, naturaliste voyageur du Muséum.

Mission de l'île Saint-Paul.

M. Mouchez, capitaine de vaisseau, chef de mission
M. Cazin, professeur au lycée Condorcet.
M. Turquet de Beauregard, capitaine de frégate.
M. Velain, naturaliste, répétiteur à l'École des Hautes Études.
M. Rochefort, médecin de première classe de la Marine.
M. Delisle, naturaliste voyageur du Muséum.

Mission de Nouméa.

M. André, astronome de l'Observatoire de Paris, chef de mission.
M. Angot, physicien, attaché au Collége de France.

Mission de Pékin.

M. Fleuriais, lieutenant de vaisseau, chef de mission.
M. Blarez, lieutenant de vaisseau.
M. Lapied, enseigne de vaisseau.

Mission de Yokohama.

M. Janssen, Membre de l'Institut, chef de mission.
M. Tisserand, directeur de l'Observatoire de Toulouse.
M. Picard, lieutenant de vaisseau.
M. Delacroix, enseigne de vaisseau.

M. VACHER, artiste mécanicien.

M. CHIMIZOU, attaché japonais, ancien élève de l'École Centrale.

Mission de Saïgon.

M. HÉRAUD, ingénieur hydrographe de la Marine.

Nos expéditions comptaient donc, outre deux na-

Fig. 15. — Coupole équatoriale à toit tournant.

turalistes, quinze observateurs, astronomes ou physiciens, aidés d'autant d'auxiliaires, et ont mis en mouvement plus de cinquante personnes. Les astronomes anglais se sont installés à Alexandrie, aux îles Kerguelen, Rodrigues, Sandwich et Auckland, et jusqu'au cercle polaire antarctique. Les stations de la Nouvelle-Zélande étaient reliées à l'Australie avec Sydney et Melbourne, dont les longitudes sont bien déterminées. Les Allemands avaient envoyé des observateurs au Japon, aux îles Kerguelen, Auckland et Maurice. Le Gouvernement russe avait fait des préparatifs considérables, et choisi vingt-sept stations, disséminées tout le long de la Russie, de la Sibérie, de la Chine et du Japon. Les deux Amériques qui devaient être, comme la France, pendant la nuit, à l'heure du passage, étaient représentées par des observateurs échelonnés dans les îles de l'océan Pacifique et jusqu'en Asie.

Quant aux instruments employés, les Rapports suivants sur les observations faites dans les diverses expéditions françaises et étrangères en donneront les détails circonstanciés. Bornons-nous à dire ici que c'est l'équatorial qui joue le principal rôle, et que chaque expédition en a été pourvue. Le type de chaque observatoire installé pour le passage de Vénus peut donc nous être représenté par une coupole aussi simple que possible, à toit tournant (*fig.* 15), sous laquelle l'équatorial est abrité. La plupart des couvertures n'ont été faites qu'en toile, à cause des difficultés des transports. Notre *fig.* 16 représente un équatorial complet, installé dans les meilleures conditions : c'est de ce type que se sont rapprochés, autant que possible, les instruments emportés par les missions françaises.

Fig. 16.

Nos gravures 17 et 18 représentent les deux principaux instruments des stations anglaises : l'instrument des passages destiné à déterminer le temps où une étoile passe au méridien, afin d'en déduire la longitude du lieu, et l'équatorial qui est construit pour suivre le Soleil, lors du passage de la planète.

On peut se faire une idée de la grandeur de ces deux instruments en lui comparant celle des escabeaux qui servent aux observateurs. Tous deux se trouvent dans des cabanes provisoires en planches.

L'instrument des passages est orienté avec soin et la position des deux supports de l'axe exige une grande habileté. Le toit de l'équatorial se démonte afin que la lunette, mue par un mouvement d'horlogerie, puisse suivre le Soleil. Les équatoriaux français, au contraire, sont dans des cabanes à coupole mobile, comme dans les grands observatoires, ce qui est un avantage.

Quand l'instrument des passages anglais est mis en observation, on enlève une trappe située dans le plan méridien. L'équatorial anglais est mobile autour d'une colonne verticale.

Les oculaires des équatoriaux anglais ont des dispositions particulières imaginées par M. Airy. Ils sont pourvus d'un micromètre à double image, dont on se sert ordinairement pour déterminer la distance de deux étoiles. Les Anglais emploient ce procédé pour mesurer la distance de la planète au bord du Soleil après l'entrée complète et avant le commencement de la sortie, c'est-à-dire lorsqu'il y a un filet notable de lumière entre la planète et le bord du Soleil.

Dans un grand nombre de stations, le Soleil étant

Fig., 17. — Instrument des passages, des stations anglaises.

très-bas au-dessus de l'horizon lors de l'entrée ou lors

Fig. 17. — Équatorial des stations anglaises.

de la sortie, le savant directeur de Greenwich a essayé

de triompher de cette difficulté à l'aide d'une lentille hémisphérique, terminée par un plan sur lequel on place l'œil. Ce plan étant variable de direction, on s'en sert comme d'un prisme pour corriger l'effet de la dispersion.

Chaque station anglaise comprend encore un altazimut semblable à un théodolite. Il se compose d'un cercle horizontal pour mesurer la situation du plan vertical de l'astre et d'un cercle vertical pour mesurer sa hauteur au-dessus de l'horizon. Les astronomes anglais, à cause de leur climat, sont très-attachés à cet appareil, qui leur permet de prendre des mesures même quand le passage au méridien a été caché par des brouillards.

Tels étaient les préparatifs faits par les principales nations terrestres pour l'observation du passage de Vénus. Voyons maintenant quels ont été les résultats obtenus. Commencons par les expéditions françaises.

VII.

RÉSULTATS DES EXPÉDITIONS FRANÇAISES.

Les différentes missions astronomiques envoyées par les corps savants des diverses nations du monde pour observer le passage de la planète Vénus devant l'astre du jour ont accompli leur œuvre. Les unes ont été favorisées du ciel, et ont pu prendre leurs mesures au sein d'une atmosphère calme et pure. Les autres ont eu sur leur tête un ciel nuageux qui ne leur a permis d'observer le Soleil en temps utile qu'à travers des éclaircies. D'autres, moins favorisés encore, se sont trouvées justement ce jour-là sous un ciel absolument couvert, et même au milieu de la pluie et de la tempête. Mais, en somme, les deux tiers des stations ont été dans de bonnes conditions de réussite, et, grâce surtout à la photographie, comme nous l'avions prévu, ont pu réaliser le but de leur établissement.

Les missions françaises étaient au nombre de six, distribuées par moitié sur chaque hémisphère, comme nous l'avons vu tout à l'heure. Arrivons aux résultats obtenus, et commençons notre exposé par la mission du Japon, confiée à M. Janssen.

A. — Mission du Japon.

Avant d'arriver à Yokohama, M. et Mme Janssen ont failli être victimes d'un épouvantable typhon que

Mme Janssen a décrit en termes émus dans une Lettre à M. Dumas, Secrétaire perpétuel de l'Académie des Sciences (*).

(*) Voici un extrait de cette Lettre :

« A trois jours d'intervalle seulement, nous avons passé par deux cyclones, dont le second a été terrible, et sera cité comme celui de Bourbon dans les annales maritimes. Au dire des commandants, des agents maritimes, de tous ceux qui naviguent dans ces mers, depuis douze ou quinze ans on n'en a pas vu de semblable : les désastres sur terre et sur mer sont immenses.

» La première fois, nous étions en mer à deux jours de Hong-Kong; pendant vingt-quatre heures nous n'avons pour ainsi dire pas avancé, ballottés par des vents violents et contraires et sous une pluie torrentielle; grâce à la prudence de notre commandant, nous avons pu ne pas passer au centre du cyclone; mais, la seconde fois, nous étions en rade de Hong-Kong, nous ne pouvions qu'attendre. Tout était prévu pour parer aux événements, mais nous courions un danger imminent; si la chaîne de notre ancre se rompait, nous étions jetés à la côte; depuis 9 heures jusqu'à 2 heures du matin le baromètre a baissé, le vent augmentait de violence et ne laissait pas d'intervalle; cependant, vers 4 heures, le baromètre a commencé à remonter, un calme relatif s'est fait sentir; jusqu'alors notre chaîne avait tenu bon, nous étions sauvés, nous avions seulement, en terme marin, chassé, c'est-à-dire traîné notre ancre à environ 500 mètres, ce qui a causé un moment d'effroi aux passagers restés à terre lorsqu'ils ne nous ont plus aperçu le matin.

» Voilà quelle nuit nous avons passée du 23 au 24. Au jour, nous avions sous les yeux un spectacle navrant : la ville était encore dans l'eau; la mer, encore d'une hauteur

Dès son arrivée, M. Janssen s'installa rapidement et recommença les essais qu'il avait déjà faits à Paris l'été précédent, en vue de l'observation précise des contacts et de la photographie du passage.

L'année 1874 avait été exceptionnellement pluvieuse au Japon; aussi le chef de l'expédition avait-il rassemblé, sur les diverses villes pouvant offrir les chances les moins défavorables, tous les documents météorologiques recueillis, soit par le gouvernement, soit par les Observatoires, les Européens résidants, et même par les natifs. L'examen de ces documents ne tarda pas à lui montrer que Yokohama même offrait bien peu de chances favorables. Deux autres points, Kobé et Nagasaki, étaient indiqués comme jouissant en hiver d'un meilleur climat, et, à cet égard, tous les avis compétents étaient

prodigieuse, nous apportait des épaves de toute nature; des mâts, des coques de navires paraissaient seuls là où nous avions vu la veille tant d'embarcations complètes et élégantes, et depuis deux jours on ne cesse de recueillir autour de nous les corps flottants. Plus de quinze cents Chinois ont disparu avec leurs sampans, petites embarcations où vit toute la famille. Un navire espagnol, arrivé dans la matinée, a perdu quatre-vingt-dix passagers et son équipage. On compte une douzaine de navires perdus; un grand nombre ont éprouvé des pertes considérables, mais on ne peut évaluer encore le nombre des victimes. La ville offre aussi un aspect désolé : les toits sont enlevés, les maisons écroulées en partie, les quais brisés, les rues jonchées d'arbres, de débris de toutes sortes. Cependant cette population chinoise paraît résignée, chacun va et vient, réparant les dégâts avec une tranquillité qu'on ne pourrait remarquer chez nous. »

unanimes. Il demanda donc au commandant de la station du Japon de vouloir bien le conduire à Kobé. Entre Kobé et Nagasaki, la différence était faible; cependant Nagasaki paraissait préférable, et c'est ainsi qu'en avaient jugé les Américains qui s'y étaient établis. D'un autre côté, les circonstances astronomiques du passage y étaient plus avantageuses (Soleil plus élevé qu'à Kobé et surtout qu'à Yokohama). On se décida donc pour Nagasaki; mais le beau temps n'étant nullement assuré, même dans cette dernière ville, on résolut d'avoir aussi un poste d'observation à Kobé. Ce partage, qui était possible en raison du personnel et du nombre des instruments, assurait toutes les chances possibles de succès.

A Nagasaki, l'observatoire fut établi à Kompira-Yama (*), sur une haute colline qui domine la rade. Cette situation était convenable sous tous les rapports. Site élevé au-dessus des vapeurs de la ville, route existante, proximité des habitations et ressources de tous genres. La grande difficulté était de transporter à cette hauteur les deux cent cinquante caisses ou colis formant les bagages. Cinq cents porteurs environ effectuèrent ce travail. En même temps une centaine de charpentiers et de terrassiers préparaient le terrain, y élevaient des cabanes, et l'installation marcha très-rapidement. Mais le temps, beau d'abord, se gâta ensuite tout à fait. Des orages violents, des rafales vinrent contrarier les travaux et compromettre même l'établissement. Pendant une violente bourrasque, l'équatorial de M. Tisserand fut renversé, sa lunette et son micro-

(*) Montagne de Kompira, dieu des typhons.

mètre brisés. Heureusement l'expédition était munie d'un outillage très-complet, forge, tour, etc., qui permit de remettre en état les instruments. Après cette période fâcheuse, le temps redevint beau et l'on put faire les observations préparatoires, et exercer chacun au rôle qui lui était assigné. En se servant du cercle méridien du Bureau des Longitudes, M. Tisserand détermina la latitude de Nagasaki. M. Picard était chargé de l'appareil photographique de la Commission; M. d'Almeida dirigeait l'appareil à revolver pour la photographie des contacts; M. Arens dirigeait toute la partie photographique et spécialement celle de l'équatorial photographique.

A Kobé, les instruments furent installés en novembre, essayés, réglés, et les observateurs exercés. M. Delacroix, enseigne de vaisseau, avait une lunette de 6 pouces de Bardou pour faire l'observation astronomique; M. Chimizou avait une excellente lunette photographique de Steinheil qui avait été rigoureusement réglée; deux chronomètres complétaient leur bagage. Le gouvernement japonais accorda la franchise télégraphique, et fit construire, à ses frais, des bouts de ligne nécessaires pour mettre directement en rapport l'Observatoire de Nagasaki et celui de Kobé. Cette facilité permit de régler les chronomètres de Kobé sur ceux de Nagasaki où se trouvaient les instruments méridiens.

Arrivons maintenant au jour du passage.

Le ciel, quoique voilé, était assez beau. MM. Janssen et Tisserand observèrent le premier contact. Dans l'équatorial de 8 pouces, dont la lunette est très-bonne, l'image de Vénus se montra très-ronde, bien terminée, et la marche relative du disque de la planète, par rapport au disque solaire, s'exécuta géométriquement sans aucune apparence de ligament ni de goutte. Mais il s'écoula un temps assez long entre le moment où le disque de Vénus paraissait tangent intérieurement au disque du Soleil et celui de l'apparition du filet lumineux. Il y a là une anomalie apparente que M. Janssen attribue à la présence de l'atmosphère de la planète. Il fit prendre une photographie au moment où le contact paraissait géométrique, et sur cette épreuve le contact n'a pas encore lieu. M. d'Almeida a obtenu une plaque de quarante-huit photographies du bord solaire, qu conduit aux mêmes conclusions.

Après le premier contact intérieur, M. Picard et M. Arens prirent chacun à leur instrument autant de photographies qu'il leur fut possible, mais les nuages y mirent un grand obstacle. Enfin, vers l'instant du second contact intérieur, une heureuse éclaircie se produisit sur le Soleil, et l'on put prendre l'instant de ce contact qui fut obtenu avec précision. Le ciel fut tout à fait couvert au moment du dernier contact extérieur.

Pendant le passage même, on recevait des nouvelles de Kobé : les deux premiers contacts y avaient été observés, une quinzaine de photographies y avaient été prises, et M. Delacroix avait obtenu les derniers contacts, le dernier seul incertain.

Les deux premiers télégrammes que M. Janssen envoya immédiatement en France étaient ainsi conçus :

1° « Passage observé et contacts obtenus. Belles images avec le télescope sans ligaments. Vénus observée sur la couronne du Soleil. Photographies et plaques. Nuages par intervalles. »

2° « Télégramme envoyé hier; passage observé à

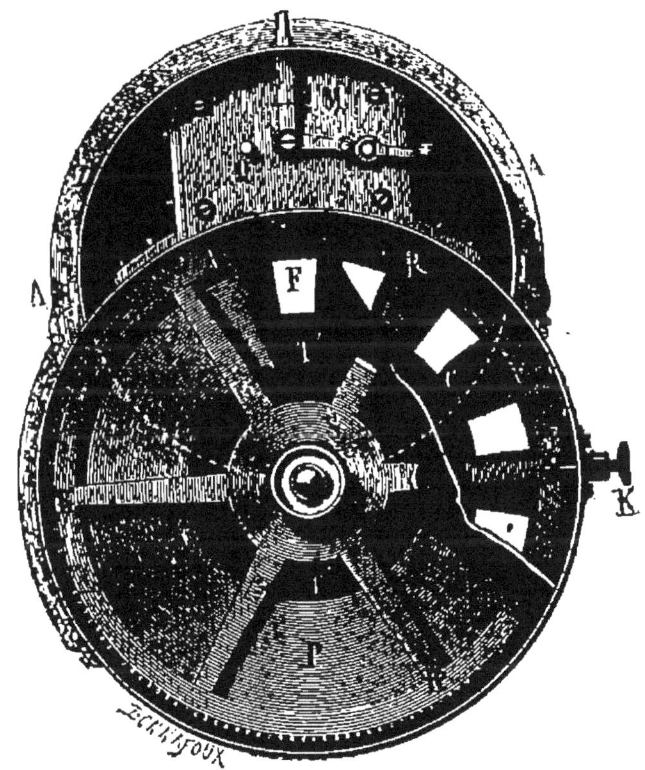

Fig. 19. — Appareil photographique de M. Janssen.

Nagasaki et Kobé; contacts intérieurs sans ligaments au revolver photographique; quelques nuages pendant le passage. Vénus observée sur la couronne avant le contact, donnant la démonstration de l'existence de l'atmosphère coronale. »

La dépêche que nous venons de reproduire parle du *revolver photographique*. Quel est ce nouvel appareil, dont le nom rappelle peut-être un peu trop l'art funeste et brutal de la balistique. Cet instrument, inventé par M. Janssen et construit par M. Rédier, a pour but de surprendre sur le fait et d'enregistrer, au moment même où elles se produisent, les phases successives et utiles du phénomène. Il se fixe à l'extrémité oculaire d'une longue lunette en bois servant de chambre noire. Celle-ci est montée sur un chevalet et braquée sur un héliostat ou miroir mû par un mouvement d'horlogerie, afin de suivre le Soleil dans sa course.

Fig. 20.

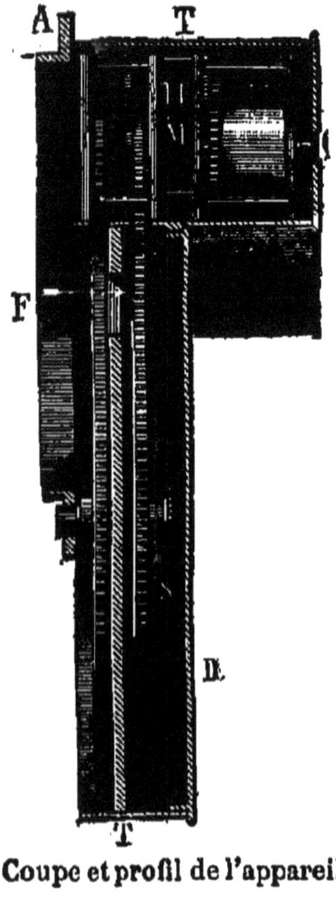

A T F R T

Coupe et profil de l'appareil

Nous représentons dans ses détails, de face et de coupe, cet appareil, que son inventeur a appelé *revolver photographique*.

Sur un axe commun sont montés :

1° Un disque de cuivre C (*fig.* 19 et 21), fixé lui-même sur une roue s'engrenant avec le pignon d'un mouvement d'horlogerie M ;

2° Une grande roue R portant une plaque daguerrienne P ou plaque de cuivre argenté, destinée à recevoir les images.

Sur le disque C sont pratiquées douze ouvertures ou guichets F, également espacés. Ce disque fait son tour complet en dix-huit secondes, tandis que la roue porte-plaque daguerrienne P, bien que recevant, elle aussi, son mouvement circulaire du même mécanisme d'horlogerie, tourne quatre fois moins vite, c'est-à-dire qu'elle opère son tour complet en soixante-douze secondes.

Dans une opération photographique, on distingue trois manœuvres : l'ouverture du guichet, la pose et la fermeture du guichet. Les dispositions adoptées par M. Janssen ont pour but d'opérer ces manœuvres automatiquement, rapidement et uniformément.

Le disque C est l'obturateur qui ouvre et ferme le guichet, tandis que la plaque P opère la pose; ces trois manœuvres exigent une durée d'une seconde et demie.

La roue porte-plaque R est commandée par un engrenage dit *à croix de Malte,* qui lui laisse opérer une certaine quantité de sa révolution, puis l'arrête pendant un instant très-court. Cet arrêt se produit au moment où l'une des échancrures F du disque C arrive se placer au foyer de la lunette-chambre noire.

Les autres détails de l'instrument sont les suivants :

Q carré pour remonter le mouvement d'horlogerie ;

F passage du rayon lumineux et foyer de la lunette ;

M embrayage du mouvement d'horlogerie avec les roues portant la plaque et l'obturateur photographiques ;

T et D tambours et plaques destinés à clore exactement la chambre photographique ;

L tube de la lunette ;
B axe commun aux principaux organes.

L'appareil fonctionne ou à la main par une manivelle,

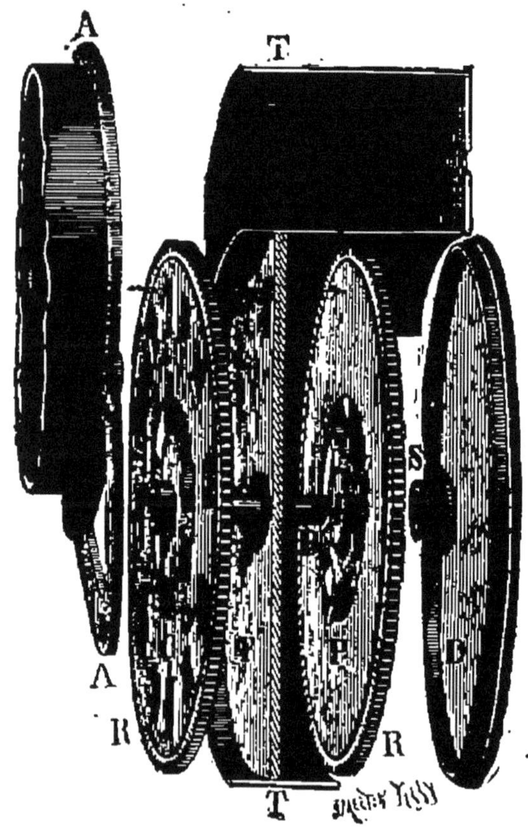

Fig. 21. Détails des pièces séparées.

et dans ce cas on fait désembrayer le mouvement d'horlogerie, ou par le mouvement d'horlogerie disposé lui-même pour communiquer des vitesses différentes.

Un accessoire important, qui n'est pas indiqué dans

la figure, fait pointer sur un compteur à secondes et automatiquement le moment précis où se produisent chacune des images.

Quant à la manœuvre de l'appareil, elle est des plus simples. La plaque sensibilisée dans le cabinet noir de l'opérateur est mise en place dans le revolver, et, au signal donné par l'observateur qui, l'œil à la lunette à pied parallactique, est juge du moment favorable, le photographe agit sur un bouton K pour dégager une cheville d'arrêt et, avec elle, le mécanisme d'horlogerie; celui-ci fonctionne, entraînant tout l'ensemble mobile du revolver. Lorsque la roue R a terminé sa révolution, l'appareil s'arrête de lui-même. Pendant cette course d'un tour entier, la plaque sensibilisée a fait quarante-huit poses, a conservé quarante-huit images affectant la forme d'une couronne dentelée.

L'un des bords de la dentelure est droit, tandis que l'autre est légèrement courbe. La ligne droite est produite par l'arête du guichet, la ligne courbe est une portion du disque solaire ; le petit cercle voisin est la planète Vénus, suivant ses différentes positions, soit un peu avant, soit pendant, soit un peu après le contact, comme on peut en suivre les détails sur la *fig.* 22. Comme il se produit dans le passage quatre phases utiles à l'observation du phénomène, c'est-à-dire quatre contacts, l'opération recommence quatre fois, de telle sorte que, le passage terminé, l'opérateur se trouve posséder quatre séries d'images.

Connaissant l'heure exacte du commencement de l'opération photographique, celle de sa fin, par conséquent le temps employé pour obtenir les quarante-huit images, on arrive à se rendre compte de l'heure absolue à laquelle chacune d'elles s'est formée. L'examen attentif de la série de ces images fait reconnaître celle qui représente les deux astres au moment de leur contact.

Le revolver photographique a été adopté par plusieurs stations anglaises. M. Janssen a préféré le procédé Daguerre à la photographie sur papier, à cause de la

Fig. 22. — Schéma de l'épreuve photographique du passage.

plus grande netteté de l'image sur plaque argentée. Le résultat a justifié ses préférences, puisque les images obtenues l'ont été sans la production du ligament. N'oublions pas non plus que la seule invention vraiment originale faite à propos de l'observation du passage de Vénus est due à un savant français.

On aurait eu incontestablement des résultats plus complets avec un ciel plus pur et plus constant; mais

Fig. 23. — Vue de l'appareil en fonctionnement pendant le passage.

il ne faut pas trop exiger, et l'on doit s'estimer heureux lorsque tant de fatigues, de peines, de sollicitude ne restent pas sans résultats. « Du reste, dit M. Janssen, la pluie qui reprenait violente et continue semblait témoigner que *la Providence* avait fait, au milieu de cette fâcheuse période, une courte trêve en notre faveur. »

Remarquons ici l'observation qui se rattache à la couronne et à l'atmosphère coronale du Soleil.

Cette observation du passage de Vénus *devant la couronne solaire* qui environne l'astre du jour et qui n'est visible que pendant les éclipses totales de Soleil est très-importante, car elle prouve définitivement que cette couronne n'est pas due à un effet de réfraction dans l'atmosphère terrestre, mais appartient au Soleil lui-même. L'ingénieux astronome s'était préparé dès l'année précédente à cette constatation. Il y a réussi, et c'est le seul qui y soit parvenu.

Avec des verres d'une coloration bleu violet, particulière et très-pure, M. Janssen a pu voir Vénus avant qu'elle eût touché le disque solaire. Elle se détachait comme une petite tache ronde très-pâle. Quand elle commença à mordre sur le disque solaire, cette tache complétait le segment noir qui se trouvait sur l'astre radieux. C'était une éclipse partielle de l'atmosphère coronale. Cette observation prouve d'une manière toute naturelle et bien concluante l'existence de cette atmosphère lumineuse. Vénus a été visible depuis environ 2 à 3 minutes d'arc de distance du bord solaire.

Tels sont les résultats de l'expédition française du Japon.

B. — MISSION DE PÉKIN.

La mission de Chine, dirigée par M. Fleuriais, arriva à Tien-Tsin le 27 août, après une navigation laborieuse sur le Peï-Hô, et une série de petits échouages sans gravité. Le 29, au matin, on quitta Tien-Tsin. Les instruments étaient portés par trois jonques ; une quatrième servait de logement. Vingt coolies, tantôt halant à la cordelle, tantôt poussant à la perche, ont conduit l'escadrille jusqu'à Tong-Chao en trois jours. Les échouages dans cette difficile rivière ont été incessants ; mais heureusement partout la vase était molle et les barques étaient parfaitement étanches.

Le 1er septembre, avant l'amarrage des barques, M. Fleuriais partait seul pour Pékin, laissant MM. Blarez et Lapied à la garde des jonques. Le consul avait fait l'offre du libre usage d'*une partie du jardin de la Légation et d'un pavillon attenant*.

Un rapide levé à la boussole montra que le terrain proposé convenait parfaitement. Il ne restait plus qu'à accepter, ou à chercher chez les Lazaristes un point remplissant également bien les conditions voulues. Le chef de la mission choisit le jardin de la Légation française.

Le 2 septembre, les chronomètres (en marche depuis Paris) et les petits instruments, portés par huit coolies, ont été transportés à Pékin, par les soins de M. Lapied. L'étude de la route de terre et de la route de pierre ayant amené à la conclusion que ni voitures ni brouettes ne pouvaient, en aucune façon, convenir au transport, il fut convenu que le mouvement se ferait à dos d'hommes pour toutes les caisses délicates. En conséquence, tout le matériel fut porté par quatre-ving-dix-sept coolies, quatre chariots et six brouettes, et arriva en dix heures à la Légation, après avoir traversé cinq lieues et demie de chemins défoncés.

La direction du méridien fut tracée et le creusement des fondations commencé ; à $0^m,40$ de profondeur, on rencontrait les assises d'une ancienne pagode : c'était là une bien heureuse chance dont il fallait profiter. Le terrain sondé et reconnu, le plan général de l'observatoire fut remanié de manière à faire reposer la lunette méridienne et les équatoriaux sur les parties que le pic ne pouvait entamer.

M. Fleuriais raconte que, lors du transport des instruments, les cent cinquante coolies, divisés par escouades, marchaient au pas cadencé sur un rhythme chanté par le chef, et que les Chinois ont élevé l'adresse de ce transport à bras à la hauteur d'un art.

On commença bientôt l'observatoire. La direction du méridien déterminée, les axes des instruments marqués, trente maçons élevèrent en quatre jours les six piliers nécessaires ; les corps furent formés en briques ; les sommets furent recouverts par des dalles de granit taillées et nivelées.

Autour des piliers, de nombreux charpentiers construisirent une vaste cabane, divisée en trois chambres distinctes. La plus grande, située au sud, abrita les équatoriaux ; les deux autres furent réservées à l'instrument des passages et à l'appareil photographique.

La construction de l'observatoire a été achevée le

19 septembre. Les instruments étaient établis le 26.

Pendant que la série des observations astronomiques régulières était entreprise, M. Blarez, qui avait dirigé dans les moindres détails le montage de l'appareil photographique, obtenait de fort belles épreuves répondant au programme dicté par l'Académie. Tout était donç en bonne voie lorsqu'un cruel événement vint accabler la mission d'une légitime douleur. M. Blarez fut subitement atteint d'une grave maladie, qui, pendant plusieurs jours, mit sa vie en danger.

Les soins de M. Dugat, médecin de la Légation, triomphèrent enfin de l'intensité du mal et firent prévoir une complète guérison; mais déjà il était démontré que le pauvre malade ne pourrait concourir aux travaux. M. Blarez, espérant toujours se rétablir, voulut rester à Pékin jusqu'à l'issue du phénomène.

Le mois de novembre fut employé à des expériences de toute nature et à des répétitions fréquentes.

La grande mission américaine, dirigée par M. Watson, était installée dans l'est de la ville. Dès le début, les meilleures relations s'étaient établies entre M. Watson et M. Fleuriais. Les deux observatoires furent reliés l'un à l'autre par des triangulations indépendantes.

Enfin arriva le 9 décembre.

Dans la nuit du 8 au 9, on avait opéré le polissage de 160 plaques daguerriennes. A minuit, on terminait l'iodage de la dernière plaque.

Le 9, le Soleil se leva radieux au milieu d'une atmosphère calme et pure.

Voici maintenant, en quelques mots, l'historique de cette journée si impatiemment attendue :

Le matin, à 8 heures, observation de la Polaire (passage inférieur).

8ʰ 30ᵐ. La partie sud du ciel se couvre de brumes blanches, le Soleil disparaît ; le zénith reste dégagé.

9 heures. Observation du passage d'Arcturus.

9ʰ 15ᵐ. Le Soleil reparaît éclatant.

9ʰ 30ᵐ. *Premier contact.* — Le disque est net et sans ondulations. Les photographies viennent bien.

De 9ʰ 30ᵐ à 10 heures. De légères brumes courent sur le Soleil.

10 heures. Les brumes sont très-légères. *Deuxième contact.* — Ondulations insignifiantes. Au 6 pouces, le commandant Bellanger, arrivé depuis huit jours et déjà exercé aux observations, aperçoit un léger ligament. Au 8 pouces, M. Fleuriais ne voit que quelques franges. Les photographies sont nettes.

De 10 à 11 heures. Le disque du Soleil se noie dans des nuages blancs. Les observations sont toujours très-faciles aux équatoriaux. Les photographies deviennent très-pâles.

De 11 heures à 1 heure du soir. Ciel complétement couvert : tout semble perdu.

1 heure du soir. Brise du nord.

1ʰ 30ᵐ. Le ciel est bleu. Ondulations sensibles.

1ʰ 50ᵐ. Le disque est éclatant. *Troisième contact.* — Franges plus marquées qu'au deuxième contact. On croit pouvoir affirmer le contact à 4 secondes près.

Les photographies n'exigent plus l'exposition au brome.

2ʰ 15ᵐ. Le vent revenu au sud ramène les nuages. Le Soleil commence à être envahi.

2^h 18^m. *Quatrième contact*. — Observation bonne et facile, quoique naturellement toujours douteuse.

2^h 20^m. Le Soleil a disparu.

2^h 30^m. Observation du passage d'Altaïr.

2^h 50^m. Bourrasque de nord-nord-ouest. Ouragan de poussière. On ne voit pas à dix pas.

3^h 45^m. Le calme se fait, le ciel est pur.

Quelle singulière série d'alternatives !

Certes, la véritable chance aurait été d'avoir un ciel parfaitement pur ; mais, puisque la nouvelle Lune devait amener partout des perturbations atmosphériques, « je dois considérer, dit aussi M. Fleuriais, comme une faveur *providentielle* le fait qui nous a permis de voir le Soleil au moment des phases importantes du phénomène. »

En résumé, le nombre seul des photographies a souffert, et, quant aux contacts, les observateurs croient pouvoir affirmer qu'un ciel plus régulièrement dégagé n'aurait en rien augmenté la précision des heures obtenues.

Avant le départ de l'expédition, on avait émis quelques doutes sur la nature de l'accueil que la mission recevrait du gouvernement chinois.

Sous ce rapport, les renseignements sont bien contraires aux craintes que l'on était peut-être en droit de concevoir.

Remarque curieuse pour ceux qui connaissent le caractère réservé des grands dignitaires chinois, S. A. le prince Kong n'avait pas dédaigné de venir à l'observatoire, accompagné des membres du Tsang-li-Yamen, pour constater, par ses propres yeux, que les instruments européens permettent de voir les étoiles et les planètes en plein jour. Pendant toute la durée du passage, le grand mandarin Chung-ho, le même qui fut envoyé en France à l'occasion des massacres de Tien-Tsin, ne quitta pas de vue les instruments et dressa procès-verbal, par ordre de l'empereur, de toutes les phases du phénomène. Enfin, quelques jours après le 9 décembre, les impératrices douairières firent demander, par l'intermédiaire du prince Kong et du comte de Rochechouart, une photographie du passage.

Une visite en grande pompe à l'observatoire chinois, où se trouvent encore en parfait état les magnifiques instruments établis par les anciens jésuites, une lettre de remercîment et un souvenir, dont la valeur ne réside que dans la présence du chiffre impérial, ont constitué la réponse à l'envoi de cette photographie.

Tels sont les résultats de l'expédition française de Chine.

C. — Mission de Saigon.

A Saïgon, l'expédition, dirigée par M. Héraud, a été favorisée par un beau temps que l'on n'osait plus espérer, car les pluies avaient repris d'une façon inattendue dans les premiers jours de décembre, et de plus, dès le lendemain de l'observation, le temps se remit à la pluie ; mais la journée du 9 et la nuit précédente ont été belles, la nuit suivante assez belle, et l'état des chronomètres a été déterminé sans indécision.

L'observatoire de Saïgon a été bâti en 1862, pour

les besoins de l'hydrographie ; sa situation, alors excellente, laisse aujourd'hui à désirer, par suite du développement de la ville ; mais, tel qu'il est, il offre un avantage peu commun en Cochinchine : c'est une stabilité éprouvée. Il comprend deux pièces juxtaposées : à l'ouest, une petite salle méridienne très-bien aérée ; à l'est, une salle de chronomètres, recouverte par une voûte formant terrasse, à 6 mètres au-dessus du sol et à 16 mètres au-dessus du niveau moyen de la mer. C'est sur cette terrasse que l'on a fait monter la lunette de 6 pouces.

Voici les procès-verbaux des observations ; les heures sont données en temps moyen de Saïgon.

Observation de M. Héraud.

(Objectif de 160 millimètres ; grossissement = 155.)

Entrée. — Quelques minutes avant l'heure calculée du premier contact, la lunette est dirigée sur le Soleil ; les images de taches sont assez calmes, mais le bord un peu ondulant. En tenant compte de l'étendue du champ et de la direction est et ouest donnée par le mouvement de la lunette autour de l'axe horaire, l'observateur place au milieu du champ la partie du limbe où doit se faire l'entrée.

Un léger trouble se manifeste sur le limbe et une minute après l'heure calculée, à $20^h 58^m$, l'échancrure est très-visible. L'image est très-nette, noire, d'une teinte uniforme, depuis le centre jusque très-près des bords, où une ligne de franges très-régulières donne à l'échancrure comme une apparence de creux ; la séparation des franges et de l'image noire paraît peut-être plus nette que celle des franges et de l'image lumineuse du Soleil.

A $21^h 17^m$, la planète étant déjà entrée de plus de deux tiers, *la partie extérieure de son limbe est* net-

Fig. 24. — L'atmosphère de Vénus.

tement *indiquée par un filet lumineux* pâle qui, réuni aux franges de l'image intérieure, dessine un rond parfait. Ne s'attendant pas à ce phénomène, l'observateur n'a pu noter l'instant précis de son apparition ; l'heure ci-dessus est donnée à une minute près.

L'échancrure s'arrondit de plus en plus. On suit le

rapprochement régulier des pointes brillantes du croissant solaire; à un moment donné, ces pointes paraissent immobiles. On ne voit plus la petite auréole extérieure, la partie noire de l'échancrure paraît absolument ronde et tangente à la ligne fictive qui fermerait le bord du Soleil. « Je donne un top, dit M. Héraud, et, perdant de vue les franges, je crois un moment que le contact s'est produit et qu'il est perturbé par la goutte noire. Je regarde avec attention et, vingt secondes plus tard, je note l'apparition entre l'image noire et le fond du ciel d'une lueur très-pâle teintée de noir en son milieu; cette lueur, qui arrive comme une transition entre l'obscurité et la lumière, s'agrandit et s'anime, et, en même temps, la petite tache noire devient plus petite. Je la signale comme formant une sorte de pont obscur entre le bord des astres qu'elle laisse cependant distincts; elle disparaît presque aussitôt, et le filet lumineux est dépouillé de tout trouble, les franges reprennent leur netteté autour de la planète. Les phénomènes de l'entrée sont accomplis ». . . . .

. . . .

Sortie. — Les images sont moins calmes que dans la matinée, mais encore nettes; l'image de la planète est toujours bien frangée.

La planète se rapprochant de plus en plus, l'observateur suit attentivement le filet lumineux. Il signale successivement l'apparition d'un filet lumineux très-faible, puis celle d'un filet lumineux presque nul. Le filet très-pâle est teinté de noir comme dans la matinée, et ressemble à ce qu'il était lors de son apparition à l'entrée; mais il n'a pas revu le ligament plus net signalé dans la première observation. Toute apparence lumineuse disparaît : c'est l'*instant du contact;* la partie noire de l'image de Vénus est à une distance appréciable du bord du Soleil ; peu d'instants après, cette distance paraît nulle, et l'échancrure noire semble tangente au limbe; les cornes du croissant s'éloignent, mais sans prendre tout de suite l'acuïté qui correspond à une intersection géométrique; elles paraissent un peu émoussées, et ce n'est que 33 secondes plus tard que l'échancrure paraît bien nette.

A la sortie, le limbe lumineux extérieur n'est plus visible ; la séparation des astres s'opère sans présenter de phénomène particulier; l'échancrure diminue graduellement, et finit par disparaître.

Observation de M. Bonifay.

(Objectif de 55 millimètres; grossissement = 63.)

La mise au point sur les étoiles et sur les taches du Soleil s'opérait sans difficulté et donnait des images très-nettes. C'est cette mise au point qui a été adoptée pour l'observation.

L'observation a été faite, dans le jardin de l'Observatoire, avec cette lunette, montée en altazimut, sur une table massive, à 20 mètres à l'est de l'Observatoire.

Entrée. — Quand la planète se projette sur le Soleil, l'image est noire, de teinte parfaitement uniforme et à contours très-nets; elle conserve ce même aspect pendant toute l'observation.

A $21^h 18^m$, temps moyen de Saïgon, *le contour de Vénus extérieur au disque solaire s'illumine légèrement*, à commencer par le bas de l'image, qui reste constamment plus visible que le haut. La circonférence planétaire paraît ainsi complétée d'une manière très-visible sur le ciel par cet arc lumineux qui semble la continuer exactement.

Cet effet subsiste quand la planète avance; peu à peu le disque solaire, entre les bords voisins des deux astres, devient de plus en plus obscur à côté du futur point de contact. Quand le moment du contact approche, on ne distingue plus le bord du Soleil, qui jusqu'alors se prolongeait nettement jusqu'au disque planétaire ; les deux cornes de l'échancrure sont séparées de Vénus par un intervalle obscur ; mais on continue à voir le bord de la planète, qui reste légèrement lumineuse. Cette circonférence lumineuse paraît tangente au bord du Soleil, prolongé par la pensée dans l'ombre; c'est le moment qui semble être celui du contact. La planète s'éloigne du bord du Soleil, laissant obscur l'intervalle qui les sépare; un filet lumineux vient compléter la circonférence du Soleil en réunissant les deux cornes de l'échancrure ; l'ombre qui persiste entre Vénus et le Soleil n'est complétement dissipée que vingt-trois secondes plus tard. . . . .

Sortie. — Les images sont ondulantes; néanmoins, comme le matin, les contours de la planète sont bien tranchés; sa teinte est uniformément noire. Quand Vénus s'approche du Soleil, une ombre s'étend entre les deux astres; le bord du Soleil se rompt en deux cornes au point où doit s'effectuer la sortie, et les contours des deux astres en ce point deviennent invisibles. L'observateur ne peut juger du moment du contact qu'en l'appréciant de son mieux, en continuant par la pensée les parties invisibles des circonférences ; de même, dans une observation au sextant d'une hauteur de Soleil, si le bout de l'astre est en partie masqué par un petit nuage, il arrive qu'on cherche à obtenir le contact au juger.

Quand la planète commence à émerger, il examine si sa circonférence devient lumineuse, comme le matin : le phénomène ne paraît pas se reproduire. L'échancrure diminue de plus en plus; peu à peu les ondulations du Soleil rendent son observation difficile; elle devient enfin invisible. . . . .

Ce qui a le plus frappé les observateurs, c'est l'apparition inattendue d'une auréole lumineuse dessinant extérieurement le limbe de Vénus avant l'entrée complète. On peut dire que cette apparition s'est faite en même temps pour tous deux. M. Bonifay a remarqué que cette auréole était un peu plus large dans sa partie inférieure; M. Héraud n'a pas noté ce détail, mais il a le souvenir que, en effet, cet arc lumineux n'avait pas une épaisseur partout égale et qu'il ressemblait à un croissant extrêmement mince. Pour le premier, l'arc lumineux a persisté jusqu'au moment du contact et peut-être jusqu'après ce moment, tandis que pour le second il avait disparu; préoccupé de l'observation du contact, celui-ci avait un peu perdu de vue la petite auréole, et n'a pas noté l'instant de sa disparition; ce qu'il peut dire, c'est qu'il ne la voyait plus au moment où, les cornes du croissant ne bougeant plus, il a donné son premier top. A la sortie, le phénomène ne s'est plus reproduit ni pour l'un ni pour l'autre.

Tels sont les résultats de l'expédition de Saïgon.

D. — Mission de l'Île Saint-Paul.

L'île Saint-Paul, bien située pour le calcul de la parallaxe du Soleil et choisie à cause de cela pour une station astronomique, était dans de mauvaises conditions au point de vue météorologique. Elle s'élève isolée, déserte, sauvage, au milieu d'une mer perpétuellement agitée, tourmentée par des ras de marée qui ne permettent d'aborder qu'à de rares intervalles, non pas seulement à un navire, mais même à de simples chaloupes ne tirant pas plus de 1 mètre à $1^{m},50$ d'eau. On se trouve alors dans le fond d'un ancien cratère où l'on jouit d'un calme relatif.

Après de très-grandes difficultés, la mission de Saint-Paul, dirigée par le commandant Mouchez, est cependant parvenue à débarquer sur son île, avec la partie la plus importante de son matériel, dans un premier mouillage, le 23 septembre; mais le temps était si gros que la *Dives* avait perdu successivement trois ancres en trois jours. Les chaînes ayant rompu sous l'effort des rafales, la troisième a cédé au moment où éclatait une très-forte tempête, qui a duré quarante-huit heures et a chassé les employés de la mission à 50 lieues sous le vent de l'île; on n'avait pu débarquer encore qu'une très-minime partie du matériel, à cause de l'état de la

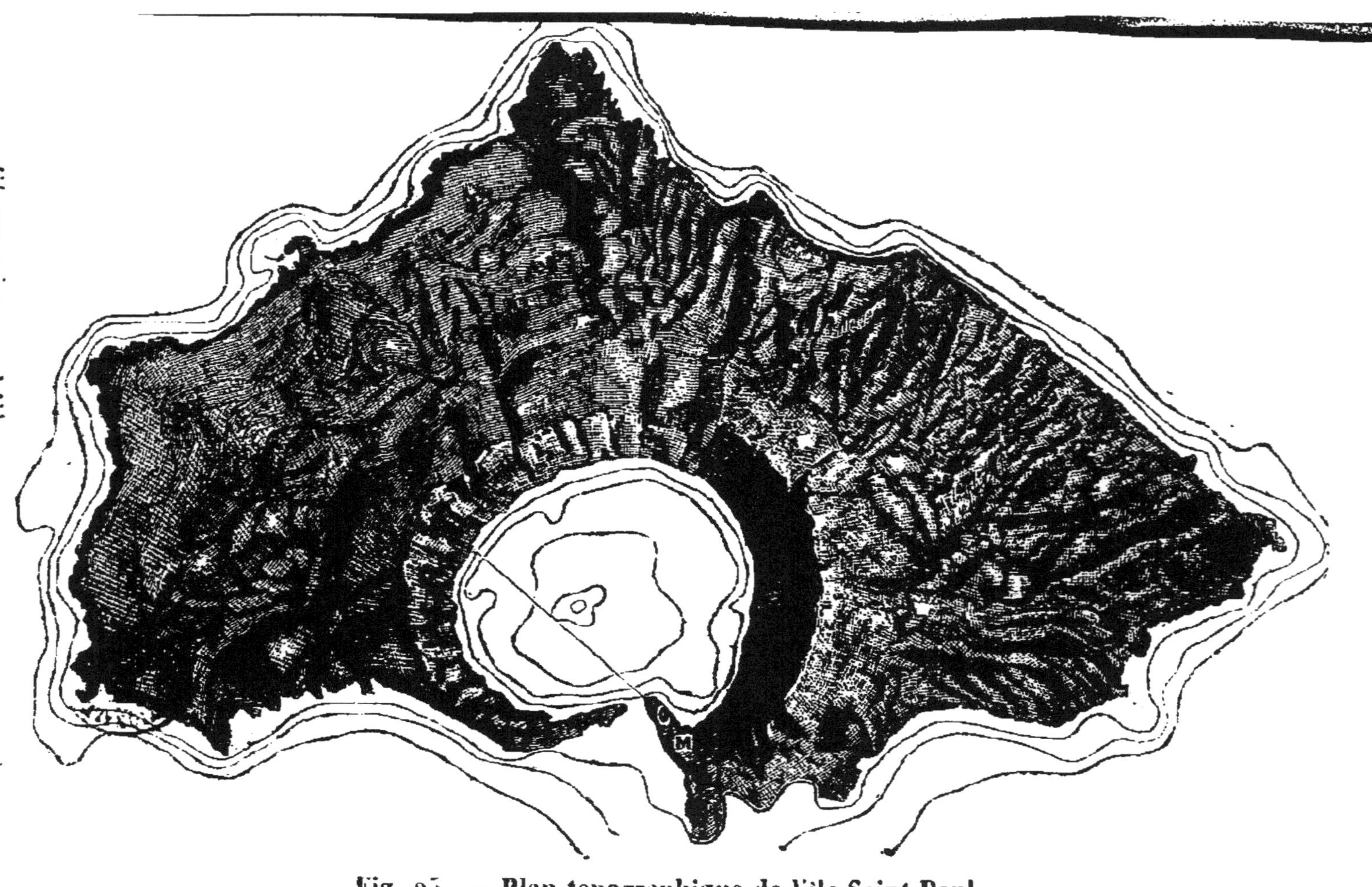

Fig. 25. — Plan topographique de l'île Saint-Paul.

mer sur la barre qui déferlait fréquemment. M. Cazin n'ayant pu rentrer à bord, et la chaîne ayant rompu pendant la nuit, il est resté quatre jours seul dans l'île, avec des vivres heureusement en quantité suffisante.

La grandeur et l'isolement d'un îlot au milieu de l'Océan ont pour effet constant de favoriser la formation des nuages, d'attirer et de retenir ceux qui passent dans le voisinage, et de troubler l'équilibre des conditions atmosphériques dans une étendue beaucoup plus grande qu'on ne serait porté à le croire. Ces faits sont bien connus des marins, qui reconnaissent toujours l'approche d'une île aux massifs de nuages qui se montrent à l'horizon bien longtemps avant que l'île elle-même n'apparaisse.

L'île Saint-Paul est un cratère de volcan analogue aux montagnes de la Lune, dans lequel la mer a pénétré par une petite brèche du côté de l'est. Les parois à pic du cratère forment un bassin circulaire de 260 mètres de hauteur sur 1000 ou 1200 mètres de diamètre. Ces parois sont encore chaudes en beaucoup d'endroits, et à mer basse on rencontre de nombreuses sources d'eaux thermales qui élèvent sensiblement la température de la mer jusqu'à une assez grande distance des bords; enfin, quand bien rarement paraît le Soleil, il a encore pour effet d'échauffer très-rapidement le fond de ce bassin, abrité des vents du large. Toutes ces causes réunies produisent une évaporation constante et fort active au fond de ce cratère, qu'on ne saurait mieux comparer qu'à une vaste chaudière. Quand les vapeurs arrivent au niveau des crêtes, elles sont condensées par les vents froids du large et entretiennent ainsi des bancs de brume permanente au-dessus de l'île; par le temps calme ou vent modéré, ce dôme de nuages était souvent tellement circonscrit aux bords du cratère, qu'on apercevait le ciel bleu et le Soleil briller à quelques centaines de mètres de l'île pendant que le zénith était absolument couvert sur une hauteur de 25 à 30 degrés.

On pourrait critiquer l'installation au fond du cratère (elle aurait d'ailleurs été impossible au sommet à pic) si l'on n'avait soin de remarquer que la marche du Soleil dans le ciel y était visible dans toute sa trajectoire, et que les points de l'entrée, comme ceux de la sortie, s'y trouvent placés dans les meilleures conditions d'observation. C'est ce dont on peut facilement se rendre compte sur notre *fig.* 26, qui représente une partie de la côte de l'île, et la trajectoire du Soleil avec les points des quatre contacts.

Pendant les trois mois que l'expédition française est restée à l'île Saint-Paul, *il n'y a pas eu un seul jour de temps entièrement découvert;* les plus longues séries de ciel libre sans nuages n'ont jamais duré plus de trois à quatre heures, et ont été fort rares. Elles avaient lieu généralement dans l'après-midi, depuis deux heures jusqu'au moment où le Soleil cessait d'éclairer le fond du cratère.

Telles étaient les déplorables conditions atmosphériques qui étaient faites à cette station. Un seul espoir soutenait nos braves marins : c'était l'opinion des pêcheurs malgaches, qui soutenaient qu'il y avait toujours une embellie le jour de la nouvelle Lune, opinion qui coïncidait avec les rapports expédiés précédem-

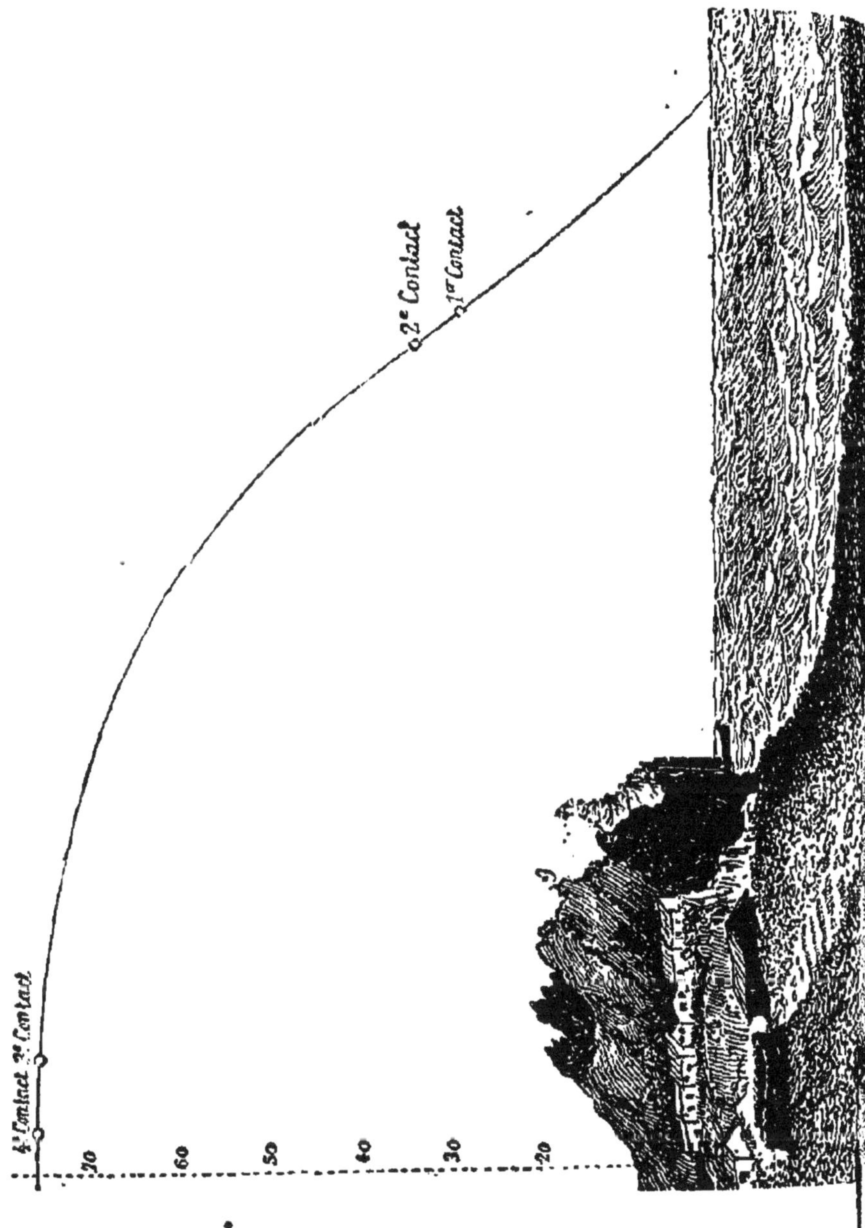

2e Contact
1er Contact
4e Contact 3e Contact
70
60
50
40
30
20

ment sur le climat de cette île. Les deux nouvelles lunes précédentes d'octobre et de novembre avaient confirmé cette règle d'une manière très-remarquable.

Le temps ne paraissait pourtant pas devoir s'éclaircir. Le 6, le ciel était sombre dans toute l'étendue de l'horizon, et le baromètre commençait à descendre. Le 7, la baisse arrivait à 757, le temps empirait, le vent soufflait très-frais du nord-ouest, puis sautait au nord-est, amenant de la pluie et une épaisse brume.

Le 8, veille du passage, la baisse du baromètre continue (à 750); la pluie est torrentielle et incessante, la mer fort grosse; une goëlette nouvellement arrivée sur rade casse ses ancres et est emportée par le mauvais temps; une brume épaisse enveloppe toute l'île, cachant même les bords du cratère. On ne peut trouver un seul moment même pour faire une répétition générale de l'observation avec tout le personnel à son poste : la pluie est trop forte et trop continuelle. Cependant, bien que tout paraisse absolument et irrévocablement perdu, on n'en continue pas moins tous les préparatifs, et l'on termine à minuit la préparation des plaques qui doivent être photographiées. A cette heure tardive la pluie est toujours aussi forte, le ciel aussi sombre, et les cabanes résistent à peine à la violence de la tempête.

Le 9, jour du passage, à 3 heures du matin, le vent saute du nord-est au nord-ouest, produisant subitement une grande amélioration de temps. La pluie cesse, le voile sombre qui couvrait le ciel se déchire, de grosses masses de brumes et de nuages très-bas, chassées par une forte brise, passent continuellement au zénith, laissant fréquemment voir le ciel. Le baromètre remonte. Au lever du Soleil chaque observateur court à ses instruments, les derniers préparatifs sont vivement terminés, et à $6^h 30^m$, une demi-heure avant le premier contact, chacun est à son poste entièrement prêt à remplir sa tâche définie et étudiée d'avance.

M. Mouchez est au grand équatorial de 8 pouces; M. Turquet était à l'équatorial de 6 pouces; M. Vélain s'était installé sur le sommet de l'île avec une petite lunette de 3 pouces; MM. Cazin et Rochefort étaient à la photographie.

Le premier contact fut à peu près complétement manqué : quand, dans une éclaircie, M. Mouchez aperçut une première très-petite échancrure sur le disque du Soleil, elle était déjà un peu trop avancée pour permettre d'estimer exactement l'instant du contact.

A mesure que Vénus entrait sur le Soleil, les nuages devenaient de plus en plus rares, le ciel plus transparent, les images d'une très-grande netteté. Un quart d'heure environ après le premier contact, quand la moitié de la planète était encore hors du Soleil, le chef de l'expédition aperçut subitement tout le disque entier de Vénus dessiné par une pâle auréole, plus brillante dans le voisinage du Soleil qu'au sommet de la planète.

Pour bien constater qu'il n'était pas le jouet d'une illusion sur ce phénomène inattendu, il renversa immédiatement de 180 degrés le cercle de position du micromètre, et il mesura le diamètre de Vénus, encore en partie hors du Soleil, identiquement égal au diamètre perpendiculaire à la ligne de centres ; c'était donc bien réellement le disque entier très-net de la planète que l'on voyait.

Mais, à mesure qu'approchait le deuxième contact, les deux parties extrêmes, plus visibles de l'auréole avoisinant le Soleil, tendaient à se réunir en enveloppant d'une plus vive lumière le segment encore extérieur de la planète, et cette réunion *anticipée* des cornes par un arc de cercle lumineux était rendue plus complète encore par un petit rebord très-brillant de lumière terminant l'auréole sur le disque de Vénus. Prévoyant dès lors qu'il y aurait une très-grande difficulté, sinon une impossibilité absolue, d'observer le contact géométrique, M. Mouchez changea le verre de couleur bleu pâle pour en prendre un plus foncé à l'aide duquel il espérait éteindre cette auréole et ces lueurs accidentelles, mais ce fut inutilement ; l'auréole restant toujours visible, il fut obligé de reprendre le verre primitif.

Dans de semblables conditions, il dut prendre comme heure du contact non pas la réunion des deux cornes ou contact géométrique, mais bien le moment où le disque du Soleil ne parut plus déformé par la lumière brillante qui enveloppait la planète au point de contact. Il y a une différence de temps très-sensible entre l'instant où il crut que ce contact pouvait avoir lieu et celui où il acquit la certitude qu'il avait eu lieu.

Cette observation paraît donc comporter beaucoup moins d'exactitude que celle des contacts intérieurs du Soleil et de la Lune dans les éclipses.

Dans ces éclipses, en effet, il parut possible de déterminer, avec la précision d'une fraction de seconde, le moment de la rupture ou de la formation de l'anneau, tandis que dans les contacts de Vénus on se trouve en présence de phénomènes lumineux apparents ou réels assez compliqués, puisqu'ils peuvent donner lieu soit à des ligaments noirs qui *prolongent* ou *retardent* le deuxième contact, soit à une auréole brillante qui réunit les cornes *avant* le contact.

La comparaison de deux observations affectées chacune d'une de ces causes d'erreurs produirait donc une erreur double sur le résultat.

M. Turquet, avec un excellent équatorial de 6 pouces, n'a pas vu l'auréole, et croit avoir obtenu des contacts d'une grande précision.

Mais, si l'observation des contacts paraît n'avoir pas toujours la précision qu'on pouvait espérer, l'extrême netteté des images et la marche assez rapide des diverses phases pendant que la planète traverse l'un ou l'autre bord du Soleil donnent la confiance la plus absolue dans les mesures micrométriques faites dans de bonnes conditions et *surtout* dans les photographies.

Pendant presque toute la durée du passage, le disque de la planète a paru d'un noir très-foncé, ayant cependant une très-légère teinte violette, tandis qu'une auréole d'un jaune également très-pâle l'entourait sur le disque du Soleil.

La photographie a fonctionné pendant toute la durée du passage; on a obtenu un peu plus d'épreuves que ne l'avait demandé la Commission, parce que, craignant l'incertitude du temps, M. Cazin en avait fait le plus grand nombre possible, en opérant continuellement, sans autre temps d'arrêt que ceux occasionnés par les nuages.

Comme il n'y avait nulle fatigue à craindre pour les opérateurs, que toutes les plaques étaient prêtes et facilement manœuvrées sans aucune crainte d'erreur possible, il n'y avait aucune nécessité de perdre une si rare occasion d'obtenir des documents toujours utilisables. Il fallait, d'ailleurs, tenir compte de la perte d'un certain nombre d'épreuves, soit par le peu de visibilité accidentelle du Soleil, soit par défaut de préparation de la plaque.

Il a été obtenu 443 épreuves daguerriennes et 142 sur collodion, dont il faut défalquer 67 épreuves daguerriennes et 29 au collodion mal venues; il reste donc un total de 489 épreuves utilisables.

« Laissant à des personnes plus compétentes le soin d'expliquer le phénomène de l'auréole, dit M. Mouchez, je me bornerai à exposer l'impression qu'elle m'a produite : elle m'a paru absolument *indépendante* de la planète : elle se comportait comme le ferait une atmosphère solaire très-pâle sur laquelle se projetterait l'écran noir de la planète et qui deviendrait visible par contraste ; l'épaisseur de cette atmosphère pouvant devenir visible aurait à peu près 25 à 30 secondes de hauteur, puisqu'à la sortie comme à l'entrée elle n'a été visible que sur la moitié du disque de Vénus, tandis que j'attribuerai volontiers à l'atmosphère de Vénus la très-mince bande très-brillante bordant la planète et se fondant dans l'auréole près du deuxième contact. Elle complétait le disque du Soleil en le déformant par-dessus le petit segment encore extérieur de la planète. »

5.

Le troisième contact a été observé également dans d'excellentes conditions de ciel très-pur, entre les nuages, avec les mêmes phénomènes qu'au deuxième, mais en sens inverse. Alors le ciel a commencé de nouveau à se couvrir. A $11^h 30^m$, le quatrième contact a été observé, fort douteux ; les éclaircies devenaient plus rares.

Enfin, à midi, il a été encore possible d'observer le passage du Soleil au méridien à travers les nuages pour régler les chronomètres.

Mais, quelques minutes après, la pluie, la brume, le vent recommençaient comme la nuit précédente, le baromètre restant toujours très-bas ; la tempête n'était pas terminée, elle avait été seulement suspendue pendant les cinq heures de la durée du passage : elle dura encore trente-six heures ; ce ne fut que le 11 que, le baromètre étant remonté à 765, le temps s'embellit définitivement et permit de faire quelques observations méridiennes pour régler les pendules et les chronomètres.

Les pêcheurs malgaches s'étaient montrés bons météorologistes en donnant aux observateurs l'espoir d'une embellie le jour de la nouvelle Lune.

La *Dives*, qui était revenue de l'île de la Réunion pour prendre le personnel et le matériel de la mission, était mouillée à 400 mètres de l'observatoire ; le capitaine Bourguignon-Duperré, son état-major et son équipage, seuls témoins de ces péripéties, avaient suivi avec anxiété les diverses phases de l'observation. Aussitôt qu'elle fut terminée, la *Dives* hissait, en tête de ses mâts, le pavillon national et saluait de cinq coups de canon le succès si inespéré de la mission française de l'île Saint-Paul.

En l'honneur de l'expédition, les membres de la mission ont construit une haute pyramide en pierre à côté de l'observatoire. Elle porte du côté sud l'inscription :

9 DÉCEMBRE 1874.

et du côté nord :

PASSAGE DE VÉNUS SUR LE SOLEIL.
OBSERVATOIRE DE LA MISSION FRANÇAISE.

On peut dire que l'expédition de l'île Saint-Paul, si heureusement favorisée par une éclaircie de quelques heures, a été la contre-partie de l'expédition si fameuse de Legentil, lors des derniers passages de 1761 et 1769 : la première fois l'Océan, la seconde fois des nuages, s'opposèrent à l'observation, et Legentil dut revenir après dix années d'absence dans sa patrie, qui le croyait mort, et au milieu des siens qui s'étaient déjà partagé son héritage ! M. Mouchez a été plus heureux, et la science doit s'en féliciter.

Les observateurs avaient pour singuliers témoins de leurs travaux des pingouins, ou pour mieux dire des manchots, seuls habitants de l'île. Sans crainte de l'espèce humaine, dont ils ont encore le bonheur de ne pas connaître les instincts belliqueux, ces oiseaux regardaient philosophiquement et d'un certain air mélancolique les astronomes occupés à l'observation du passage. Plus d'une fois même leurs familiarités faillirent désarmer la patience des missionnaires de la science.

Pendant son séjour à l'île Saint-Paul, M. Vélain a étudié le terrain au point de vue de la physique du globe et mis en évidence des résultats intéressants. Ainsi l'île Saint-Paul n'est pas un cratère absolument éteint. L'activité volcanique s'y manifeste encore aujourd'hui par des sources thermales et des dégagements gazeux abondants, localisés sur les parois intérieures du cratère.

Les fumerolles analysées ont montré qu'elles sont composées d'acide carbonique, d'oxygène, d'azote et de vapeur d'eau. A l'angle de la jetée du nord, par exemple, des fumerolles abondantes et continues se voient sur le rivage, surtout à marée basse; le gaz qui s'y dégage possède une température de 78 à 80 degrés. Sa proportion moyenne est la suivante :

Acide carbonique...........	14
Oxygène.....	17
Azote......................	69
	100

Au fond du cratère, il est presque entièrement composé d'acide carbonique.

Acide carbonique............	95
Azote.......................	5
	100

et sa température est de 92 degrés, presque celle de l'eau bouillante.

Dans les sources thermales, la proportion d'acide carbonique est également considérable.

D'après les variations très-probables observées sur

certains cratères lunaires, il me semble que plusieurs d'entre eux (Aristarque, Linné, Cichus, Messier) pourraient bien être actuellement dans la condition géologique et physique de l'île Saint-Paul, dont la forme ressemble si fidèlement, d'autre part, au type général des cratères lunaires.

E. — Mission de Nouméa.

Partis de Marseille le 19 juillet dernier, MM. André et Angot sont arrivés à Nouméa le samedi 2 octobre, à $7^h 30^m$ du soir.

Il pleuvait alors à torrents, et ils hésitaient à débarquer le soir même, quand un de leurs amis, M. le capitaine du génie Derbès, informé de l'époque probable de leur arrivée, vint les prendre à bord et leur offrir l'hospitalité. Ils acceptèrent avec un empressement facile à comprendre ; la traversée de Sydney à Nouméa avait été fort pénible, et la mer, si souvent mauvaise dans ces contrées, avait ballotté en tous sens le petit steamer qui fait le courrier mensuel entre la Nouvelle-Galles du Sud et la Nouvelle-Calédonie.

Ils apprirent le soir même que, sur la proposition de M. Gaultier de la Richerie, alors gouverneur de la Nouvelle-Calédonie, le conseil colonial avait mis une somme de *cinq mille francs* à la disposition de la Commission, et qu'en outre des études avaient été faites par M. Derbès sur les conditions climatériques des différents points de l'île où l'on pouvait s'établir. Ces renseignements abrégèrent beaucoup les recherches préliminaires sur le choix de la station, et dès le 5 octobre on avait choisi le point d'établissement.

Une escouade de forçats fut bientôt formée et les travaux de l'installation commencèrent le 10 octobre : le temps pressait, en effet. Organisée la dernière, la mission de Nouméa n'avait emporté aucune des cabanes destinées à abriter ses instruments ; quelques-unes même de ses lunettes d'observation n'avaient point de montures. Les ateliers du génie, de la direction d'artillerie, du télégraphe et de la transportation furent mis à contribution, et dans les premiers jours de novembre l'installation était à peu près complète.

En même temps que se poursuivaient ces travaux de construction, on s'efforça de munir d'observateurs les différents instruments : outre une lunette de 6 pouces, on avait trois lunettes de 4 pouces et une lunette de 3 pouces non argentée, qui devait surtout servir à l'observation physique du phénomène.

Un savant anglais, le révérend Richard Abbay, membre de la Société Royale Astronomique de Londres, Fellow de Wadham-College à Oxford, et connu par ses observations des éclipses de 1870 et 1871, en Espagne et dans le sud de l'Inde, voulut bien se charger de la lunette de 3 pouces. Ce savant quittait l'île de Ceylan, qu'il venait d'explorer pendant plus de deux ans et se rendait en Australie continuer ses études; il fit exprès le voyage de Nouméa pour observer le passage.

Les trois lunettes de 4 pouces avaient été confiées à des officiers du génie ou de l'artillerie de marine,

Fig. 27. — La mission de Nouméa.

anciens élèves de l'École Polytechnique, MM. les capitaines Derbès, Bertin et Robaut.

Dès la fin du mois d'octobre, un appareil à passages artificiels était installé, et les observateurs s'y exercèrent tous assidûment jusqu'au jour du passage.

En même temps, M. Angot formait et instruisait le personnel qui devait l'aider dans ses opérations photographiques : ce n'était point une tâche facile avec les éléments dont il disposait ; il s'en est néanmoins tiré avec autant de talent que de bonheur.

Cependant les observateurs n'étaient pas sans inquiétude sur l'issue finale de leur mission. Depuis leur arrivée, chaque nouvelle Lune avait été marquée par une série de jours pluvieux ou absolument couverts, et depuis neuf à dix mois il en était, paraît-il, toujours ainsi. Or le 9 décembre était précisément un jour de nouvelle Lune ; et quelle que fût leur conviction qu'au point de vue météorologique les lunaisons peuvent parfaitement se suivre sans se ressembler, c'est avec une véritable terreur qu'ils virent le temps se mettre à la pluie dès le 4 décembre. Il se maintint ainsi, jusque dans la matinée du 9, sans changement sensible dans l'état du baromètre qui, toujours très-haut, oscillait entre 762 et 760 millimètres.

Le 9 décembre, à 8 heures du matin, on terminait la sensibilisation des deux cents plaques daguerriennes qui avaient été polies et préparées la veille ; à 9 heures, le baromètre était à 759,8, le ciel absolument couvert, et pas la moindre trace de brise dans l'air ne faisait espérer que cet état dût changer. Vers $10^h 30^m$, cependant, les nuages diminuèrent peu à peu d'intensité, et à $11^h 15^m$ on pouvait apercevoir à travers le rideau qu'ils formaient l'image du Soleil, d'ailleurs singulièrement voilé. L'espoir revint peu à peu. Chacun se rendit alors à son poste, afin de profiter de la moindre éclaircie pour vérifier la mise au point de sa lunette et chercher à apercevoir Vénus, que jusqu'au 5 décembre on avait vue en plein jour à l'œil nu.

Le temps continua à s'améliorer légèrement jusqu'à l'époque du premier contact externe, que l'on observa à travers les nuages. Au moment du deuxième contact (premier contact interne), de légers nuages blancs recouvraient encore le Soleil; néanmoins l'observation put se faire dans de bonnes conditions, et l'écart maximum des nombres obtenus avec les trois instruments qui donnèrent un contact géométrique ne surpasse pas 4 secondes.

Dans les deux autres instruments, au contraire, le contact ne se présenta pas avec la même netteté; la planète et le Soleil se montrèrent séparés l'un de l'autre par une série d'anneaux alternativement obscurs et brillants, présentant toute l'apparence des franges de diffraction. Mais, si l'on note avec soin le moment où l'on voit commencer ce phénomène et celui où il se termine, la moyenne des deux nombres ainsi obtenus coïncide presque exactement avec celle des nombres donnés par les instruments où le contact était géométrique. Cette remarque, qui peut avoir son importance, n'est d'ailleurs point isolée : l'étude attentive des observations faites à l'Observatoire de Sydney conduit à la même conclusion.

Au moment du troisième contact (deuxième contact

interne), le Soleil fut complétement invisible, et l'on ne put observer le dernier contact qu'à la condition d'enlever les verres noirs et de regarder directement l'image focale à travers l'oculaire seul.

En résumé, au point de vue astronomique, des deux contacts internes qui devaient être les plus utiles, on a pu en observer un dans de bonnes conditions.

La photographie est encore venue ici sauver les savants de Nouméa. Le ciel ne fut, il est vrai, complétement découvert que pendant de bien courts et bien rares intervalles, mais les nuages ne furent presque jamais assez épais pour empêcher la formation d'une image nette; et, comme la règle suivie par M. Angot était de prendre des épreuves dès l'instant où le Soleil donnait des ombres appréciables, il put obtenir deux cent quarante photographies, parmi lesquelles un cent sont excellentes.

Tel est le résumé succinct des travaux de la station de Nouméa.

Nous sommes arrivés à la sixième mission, celle de l'île Campbell, installée dans les plus déplorables conditions climatologiques.

F. — Mission de l'Île Campbell.

La Commission, dirigée par M. Bouquet de la Grye, arriva à Campbell le 9 septembre. Dès le lendemain, on fit choix d'un emplacement dans la baie de Persévérance, au seul point de l'île où les conditions astronomiques s'alliaient à certaines facilités pour un débarquement

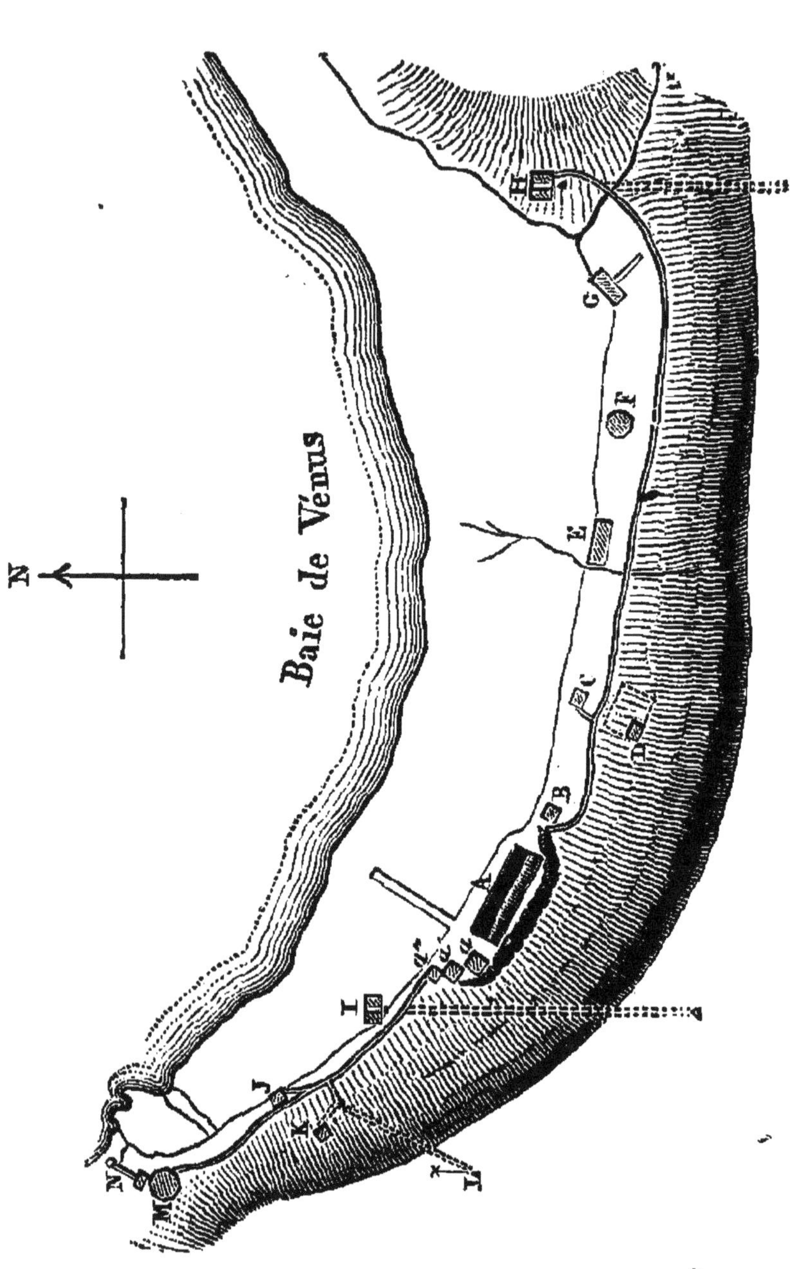

Fig. 28. — A maison d'habitation. — a, a', a'' magasin, cuisine, four. — B cabane des pendules. — C bouteilles. — D abri pour les moutons. — E atelier. — F équatorial de 6 pouces. — G cabane photographique. — H lunette méridienne du Bureau. — I lunette méridienne du Dépôt. — J, K cabanes magnétiques. — L pluviomètre, anémomètre. — M équatorial de 8 pouces. — N marégraphe.

Fig. 20. — L'installation de l'île Campbell. Plan et panorama.

d'un matériel de 60 tonnes; le même jour, on entamait la terre bourbeuse pour y asseoir les premières installations.

On arriva à bâtir tout un village que nos matelots bretons baptisèrent du nom de *Kervénus*, s'étendant sur le côté nord-ouest et sud d'une petite anse, au fond de la grande baie de Persévérance. Il se composait de dix-huit maisons, cabanes pour les instruments ou abris divers, répondant du mieux possible aux recommandations de la Commission. En voici le détail :

1° Maison d'habitation destinée à loger le personnel, composé des quatre membres de la mission et de dix maîtres ou matelots. Il contenait une partie des provisions et avait comme accessoires un second magasin, une cuisine et un four.

2° Une cabane méridienne, pour la lunette du Bureau des Longitudes. La lunette a été placée sur un massif de maçonnerie, de 3 mètres de hauteur, allant chercher sous la tourbe un terrain relativement solide; cette installation fut complétée par un second massif de maçonnerie plus élevé, portant l'objectif de mire.

3° Une cabane parallatique, à coupole tournante, pour la lunette de 6 pouces. Le massif de maçonnerie avait 2^{m}, 50 de hauteur; des contre-forts le soutenaient à l'est et à l'ouest; ces deux installations ont été faites sous la direction particulière de M. Hatt, et étaient aussi solides qu'on eût pu le désirer pour un observatoire permanent.

4° Une cabane pour la lunette méridienne du Dépôt de la Marine. On profita, pour l'établir, d'un léger relief de coulée de lave. Les conditions de stabilité étaient excellentes.

5° Une cabane parallatique, à coupole tournante, pour la lunette à objectif de 8 pouces. Son massif reposait, comme le précédent, sur une arête de coulée de laves.

6° Une cabane pour les pendules et chronomètres, dans laquelle on fit des observations sur l'intensité de la pesanteur ; elle fut munie, à cet effet, de madriers très-stables, et mise à l'abri des variations de la température, au moyen d'une couverture complète de bruyères, installée comme pour une glacière.

7° Une cabane pour la photographie, avec tous ses accessoires. 8° Une cabane pour le marégraphe ; une installation pour son puits. 9° et 10° Deux cabanes pour les observations magnétiques.

11° Un atelier pour les dissections et les réparations ; et enfin une série d'abris pour les animaux destinés à l'alimentation de la colonie.

Ces installations, qui ont demandé des déblais considérables, 150 mètres cubes pour la seule maison d'habitation, ont été poursuivies pendant cinq semaines, par un déplorable temps, car, il faut l'avouer, l'île Campbell semble posséder un climat spécial et affreux. On dut travailler jusqu'au 1er octobre, sans abri, dans la boue jusqu'à mi-jambes, sous des tourmentes de neige durcie ressemblant à de la grêle, ou de pluie provenant de neige fondue, et en redoutant de plus la gelée pour les maçonneries.

« Le ciel n'a été pur qu'une seule journée sur quarante, écrivait, en novembre, M. Bouquet de la Grye, et nous n'avons encore eu que deux belles nuits. Si les conditions ne changent point avec le mouvement en déclinaison du Soleil, nous risquons fort de voir tous nos efforts aboutir à un échec complet, au point de vue de l'objet principal de notre mission. Coups de vent, brumes, grêle, neige et pluie paraissent être, en effet, les caractéristiques du climat de l'île Campbell, pendant que l'humidité créée par ces agents fait pousser une végétation spéciale de bruyères arborescentes, fourrée autant qu'un semis de jeunes bois de pins, et fait accumuler sur le sol, chaque année, un manteau de feuilles formant aujourd'hui une couche d'humus de 2 à 4 mètres d'épaisseur. On marche dans Campbell comme dans un fourré ; on y enfonce comme dans de la tourbe, et cela jusque très-haut dans la montagne.

» Si nous pouvons, du reste, être quelque peu inquiets en voyant que tant de chances sont contre nous, cela ne doit ni ne pourra aucunement arrêter nos préparatifs. Nous sommes arrivés ici à l'heure prescrite par la Commission. Une partie de nos instruments, avariée pendant le voyage, a déjà été réparée par nous ; les observations de magnétisme se poursuivent, d'heure en heure, depuis le 9 de ce mois ; le marégraphe fonctionne depuis le 5 octobre ; il donne des courbes très-curieuses et très-utiles pour l'étude ultérieure des mouvements de la mer dans les parages où les marées semblent prendre leur naissance. La Météorologie est aussi étudiée par des observations horaires. Tout le monde est plein de zèle, et notre faction à l'antipode de l'Europe, fût-elle infructueuse, ne nous laissera aucune amère déception, nous aurons vivement lutté. »

Pendant ce temps-là M. Filhol, le naturaliste de la mission, parcourait l'île pour en étudier le caractère géologique, botanique et zoologique. Il a constaté qu'elle est principalement formée de terrains volcaniques (trachytes, basaltes et laves), et présente les restes d'un immense cratère; mais, sur quelques points, il y a trouvé un terrain calcaire contenant des encrines. Les mammifères terrestres (à l'exception des rats introduits par les navigateurs) y font complétement défaut, ainsi que les reptiles et les batraciens. Les oiseaux pélagiens y sont assez nombreux, mais il n'a aperçu qu'une seule espèce d'oiseaux terrestres (un passereau), et, bien que l'on ait beaucoup fouillé, on n'a découvert aucun ossement fossile, si ce n'est un fragment provenant d'un phoque. On en conclut que l'île Campbell n'a jamais été reliée à l'une quelconque des grandes terres de l'hémisphère austral.

Comme on s'y attendait par toutes les circonstances que nous avons rapportées tout à l'heure, l'observation du passage n'a pu être faite, ce qui peut être considéré comme un vrai malheur pour la Science, car il était difficile d'être mieux préparé que ne l'étaient les observateurs de l'île Campbell.

Tous les instruments étaient réglés et montés depuis longtemps, et, dans toutes les cases du village, l'électricité circulait, se prêtant à tous les enregistrements.

En dehors des grands instruments, trois nouvelles lunettes ayant été montées équatorialement à l'île Campbell, cinq observateurs pouvaient noter les instants des contacts. Les équations personnelles de tous avaient été déterminées au moyen d'un instrument de passage artificiel, fait également à l'île Campbell.

Le matin du passage, le temps était loin d'être favorable : à 4 heures, une brise du nord-est amena avec elle des bancs de brume, la brise tomba, et la brume se changea en pluie fine. Pourtant, vers 10 heures, il sembla que, sous l'influence de la chaleur solaire, le temps allait se lever. A midi, on put même observer le Soleil aux deux lunettes méridiennes. Entre midi et 1 heure, des trouées dans les nuages permirent de voir entièrement son disque : il se présentait avec une netteté remarquable, qui persistait en employant les plus forts grossissements; les observateurs espéraient donc pouvoir mesurer les contacts, et, comme le vent commençait à souffler et qu'une variation de deux quarts dans sa direction devait suffire pour balayer les nuages, ils attendaient avec une vive impatience.

A 1 heure, le Soleil paraissait encore; c'était cinq minutes avant l'entrée. « Deux minutes plus tard, dit le chef de la mission, je poussai un cri en apercevant, en dehors du point du disque où elle allait arriver, une masse noire à bords cotonneux, entourée d'une faible auréole. C'était Vénus, se peignant sur l'atmosphère coronale; mais, au moment où le vrai contact allait se produire, un nuage plus épais survint : il dura plus d'un quart d'heure.

» Une éclaircie se produisit ensuite, lorsque Vénus était à moitié engagée dans le disque du Soleil. La planète et le bord solaire me parurent alors encore d'une admirable netteté de contours, pas de réfraction anormale aux intersections; la moitié de la planète se projetait d'autre part sur le disque, sans auréole; malheureusement cette éclaircie ne dura que vingt secondes, le temps de prendre une double distance au bord interne.

» Puis ce fut fini; les bancs de brume s'épaissirent, et, malgré l'enlevage de la couche d'argent du grand objectif, il nous fut impossible, jusqu'à la fin du passage, d'apercevoir le disque du Soleil. »

Ces mauvaises chances ont été communes à quelques-uns des observateurs qui étaient dans ces parages. A Christchurch (Nouvelle-Zélande), le major Palmer, qui avait monté une magnifique station, a été encore plus malheureux, s'il est possible; aux îles Chatham, les Américains n'ont pas eu non plus de bonheur; seul le professeur Peters, à Queenstown, dans l'intérieur de l'île, a pu joindre à deux contacts une longue série d'épreuves photographiques.

Ainsi, on n'a *rien* pu voir en réalité du passage à l'île Campbell. Ajoutons cependant que les missionnaires de la Science ont fait tout ce qu'ils ont pu pour rapporter de leur lointaine expédition des résultats utiles à l'Histoire naturelle, à la Géodésie et à la Physique du globe. La longitude et la latitude de la station ont été soigneusement déterminées. La triangulation de l'île a été faite, et le plan topographique de la baie levé à grande échelle. Le magnétisme a été étudié dans ses principales manifestations; la variation diurne, notamment, a été observée d'heure en heure pendant trois mois. Il en a été de même de la pression atmosphérique, de la température, etc. On a rapporté les courbes de cent soixante marées. L'intensité de la pesanteur a été aussi l'objet d'études suivies.

Ces dernières observations, ainsi du reste que l'étude des niveaux des lunettes méridiennes, ont mis sur la voie d'un fait curieux : non-seulement l'île Campbell est sujette à des tremblements de terre, mais elle accuse des mouvements lorsque la grande houle vient se briser sur la côte.

Tels sont les résultats des six expéditions françaises. On peut dire qu'à l'exception de cette dernière elles ont réalisé le but de leur mission, quoique le temps n'ait été absolument beau nulle part. Le succès est même particulièrement heureux au milieu des conditions défavorables où les observateurs se sont presque tous trouvés.

Remarque bien curieuse, ce passage de Vénus devant le Soleil a eu lieu le jour de la nouvelle Lune. Il s'en est fallu de bien peu même qu'il n'y ait eu éclipse de Soleil ce jour-là. Au mois d'octobre nous n'avons pas eu moins de *trois éclipses en quinze jours,* que j'ai toutes les trois observées à Paris. Dans son cours autour de la Terre, la Lune a éclipsé le Soleil le 10 octobre, occulté Vénus le 14, et s'est éclipsée elle-même le 25. Il eût été singulièrement curieux, mais fort regrettable pour la science, que notre satellite fût ainsi venu se placer juste devant le Soleil pendant ce passage de Vénus si longuement attendu ; mais la parallaxe de la Lune est heureusement assez forte pour que les astronomes eussent pu sans doute tourner de nouveau la difficulté en cherchant des stations spéciales pour être le moins gênés possible par ce malencontreux visiteur céleste.

VIII.

RÉSULTATS DES EXPÉDITIONS ÉTRANGÈRES.

Parmi les expéditions étrangères, nous signalerons en première ligne celles de l'Angleterre.

Le passage y a été observé avec succès dans plusieurs stations importantes; mais, ainsi qu'on devait le prévoir, on s'est trouvé sous le coup de plusieurs désappointements dus aux mauvais temps qui ont régné à l'époque du passage. Toutefois on a réuni un assez grand nombre de résultats concluants.

On doit surtout regretter le temps défavorable qui a régné dans plusieurs stations, principalement à Christchurch, dans la Nouvelle-Zélande. Cette station avait été choisie non-seulement comme très-précieuse par rapport au transit, mais aussi parce qu'elle se trouvait en communication télégraphique avec plusieurs autres stations de l'île; mais on n'a pu conserver aucune espérance à l'égard de cette station, puisque le télégramme concis envoyé le lendemain s'est borné à dire : « *Angleterre : Rien d'utile, nuages* ». A Queenstown, Nouvelle-Zélande, les Américains dirigés par Peters ont eu plus de succès : le premier contact a été observé, et l'on a pris plusieurs photographies. On a observé les différentes phases du passage dans plusieurs stations russes; mais les nuages ont fait obstacle à toute observation dans quelques-unes des plus importantes.

A Honolulu et Waimea, dans les îles Sandwich, le ciel n'a pas refusé ses faveurs, mais à Kailua, dans l'île de Owhyhee, il a été nuageux. En Égypte et à Rodrigues, les observations ont été couronnées de succès. Les observations de l'Inde ont été excellentes, et particulièrement à Roorkee, station du colonel Tennant. Dans les îles Auckland, le Soleil a été obscurci pendant dix minutes à partir du commencement du passage; néanmoins on a pu très-bien obtenir les contacts, faire des observations à l'héliomètre et prendre des photographies. A Union-Vala, dans l'île Maurice, la pluie a empêché l'observation du premier contact; toutefois, avec l'héliomètre, on a pris quarante-huit bonnes mesures, et l'on a observé le premier contact de la sortie; la pluie est survenue de nouveau. Au Cap de Bonne-Espérance, M. Stone a observé la sortie avec succès, surtout pour le contact intérieur, qui a été précédé d'un ligament resté visible, en diminuant sans cesse, jusqu'au moment précis du contact. Les astronomes des États-Unis établis aux îles Kerguelen pour l'observation du passage de Vénus ont été satisfaits de leur expédition; leurs observations ont généralement réussi, ainsi que celles de la mission anglaise qui se trouvait également aux îles Kerguelen.

Voici la liste des localités d'où l'Astronome royal a reçu immédiatement des télégrammes : dans toutes ces localités le transit a été observé plus ou moins complétement, et, à l'égard de la plupart d'entre elles, on a pu relever les temps observés pour les différentes phases du phénomène, soit par des observations oculaires, soit par des photographies.

Égypte : Hauteurs de Mokattan, près du Caire, Alexandrie, Suez et ruines de Luxor, à Thèbes.

Perse et Syrie : Beyrout, Ispahan et Téhéran.

Inde : Indore, Kurrachee, Mootlan, Roorkee, Mussoorie, Montbella, Calcutta et Kiatcha.

Chine et Japon : Pékin, Chefoo, Saïgon, Kobé, Nagasaki et Yokohama.

Java : Buitenzorg.

Australie : Adélaïde, Melbourne et Sydney.

Nouvelle-Zélande : Queenstown.

Tasmanie : Hobart-Town.

Iles Sandwich : Honolulu et Waimea.

Cap de Bonne-Espérance : Observatoire royal.

Iles : îles Auckland, Nouvelle-Calédonie, Kerguelen (station allemande), Maurice, Rodrigues et Réunion.

Les préparatifs faits sous la direction de l'Astronome royal ont été des plus attentifs ; et tout ce qui concerne les plus minces détails, tant au point de vue de la Science qu'au point de vue du confort des observateurs, a été l'objet des soins les plus minutieux. Voici les noms des cinq stations principales établies par le gouvernement anglais :

District A. — Égypte, hauteurs de Mokattan, près du Caire, le capitaine Browne et M. Newton ; Suez : M. Hunter ; Luxor, près de Thèbes : le capitaine W. Abney et le colonel Campbell.

District B. — Iles Sandwich : Honolulu, le capitaine Tupman ; le lieutenant F.-E. Ramsden et M. Nichol ; Kailua, Owhyhee : le professeur Forbes et M. Barnacle ; Waimea, Atooi : M. Johnson et le lieutenant Noble.

District C. — Rodrigues : le lieutenant Neate; le lieutenant Hoggan et M. Burton.

District D. — Nouvelle-Zélande ; Burnham, près de Christchurch : le major Palmer et le lieutenant Darwin. Nasely, Otage : le lieutenant Crawford.

District E. — Ile Kerguelen : le révérend Perry, le révérend W. Sidgreaves, le lieutenant Corbert et le lieutenant Coke.

Parmi ces observateurs, le capitaine Browne, le capitaine Tupman, le lieutenant Neate, le major Palmer et le révérend John Perry étaient les chefs de leurs districts respectifs; le capitaine Tupman avait reçu en particulier la mission de diriger tous les préparatifs préliminaires. Le capitaine Abney fut chargé d'organiser les observations photographiques. En outre, on adjoignit à chacune des principales stations trois terrassiers exercés au travail qu'ils auraient à effectuer.

Lord Lindsay organisa à ses propres frais une expédition complète, dont il fut le chef, pour aller observer le passage à l'île Maurice. Il avait avec lui M. Gill, M. H. Davis, le Dr R. Copeland, et un grand nombre de personnes faisant partie pour la plupart de l'équipage de son yacht.

Nous allons traduire les résumés principaux des Rapports reçus par l'Astronome royal. Il y a tout intérêt à donner ces Rapports dans les termes formulés par les observateurs, plutôt que d'essayer de les réunir pour présenter une description générale.

Rapport du capitaine Browne. *Hauteurs de Mokattan, près du Caire.* — Deux observateurs, MM. Browne et Newton, et trois observatrices, Madame Browne,

Mesdemoiselles Newton et Addis étaient à leurs télescopes, et firent d'un commun accord les observations du passage. La *fin* seule du passage devait être visible à cette station, à 8 heures du matin.

« Lorsque j'ai vu Vénus pour la première fois, dit le capitaine Browne, c'était par une éclaircie de nuages, et elle paraissait être sur la fausse trajectoire du disque du Soleil. Je plaçai les alidades croisées sur la planète, et au travers de l'interstice des nuages j'atteignis Vénus avec l'oculaire d'Airy comme garantie pour la place du contact, et je pris immédiatement l'oculaire à double image. J'observai les diamètres quand je vis la planète; quelquefois les contours étaient flottants et incertains; de temps en temps, ils étaient parfaitement définis. Comme le ciel paraissait devoir s'éclaircir, je pris les mesures des bords aussi exactement que je le pus entre les nuages, par moments sans coins obscurs, mais le plus souvent avec leur présence; malheureusement d'épais nuages continuèrent à me désappointer. L'un d'eux resta si longtemps que je réfléchis sérieusement s'il était sage d'attendre plus longtemps ou s'il ne valait pas mieux insérer l'oculaire d'Airy.

» Le nuage s'ouvrit, et je recueillis quelques mesures de plus. Un nuage plus alarmant se mit alors à tout cacher, et je craignis que le contact ne fût passé. Le nuage s'ouvrit de nouveau, et l'on vit Vénus très-près du bord; mais il n'y avait encore aucune apparence de contact.

» Le Soleil devint plus brillant, presque dans tout son éclat, et je vis comme un ligament. L'obscurité du ligament augmenta graduellement, et il vint un moment où il parut aussi noir que la planète et sans être traversé par aucune ligne; je notai ce moment en répétant le nombre de secondes appelé par madame Browne, et elle les écrivit. Comme je continuais à suivre le ligament (ne bougeant pas mon œil du télescope), le Soleil devint tout à coup plus brillant, et je vis une sorte de ligament détaché formant une ligne blanche très-étroite. Lorsque la sortie arriva, la ligne blanche s'attacha au bord de la planète, et à la fin la planète fut projetée au delà du bord du Soleil suivant un fil blanc de lumière formant un morceau clair sur le ciel. J'avais toujours bien tenu mon œil, pensant que c'était une phase dépendant du contact et qu'il était important de l'observer avec soin. Me trouvant alors convaincu qu'il y avait sur le bord de la planète une lumière due à son atmosphère ou à toute autre cause et que, d'après sa nature, elle devait durer indéfiniment, je me vis en proie à la crainte d'avoir gaspillé pour ce détail les deux meilleures minutes, et, me laissant guider par le sentiment que je m'étais égaré, je commençai les mesures du croissant avec le micromètre à double image.

» Lorsque le croissant se mit à se déformer, je m'occupai de nouveau des diamètres, et je continuai jusqu'à ce que Vénus parût être arrivée à la moitié, et, quand les mesures devinrent incertaines, alors je prêtai mon attention au bord du Soleil, jusqu'à ce qu'il ne fût plus du tout échancré, ce qui me parut la meilleure marque du contact extérieur. »

Rapport de M. J.-M. Newton, *même station.* — « Environ dix minutes avant le contact, un fort nuage se plaça devant le Soleil et l'obscurcit complétement. Heureusement il se dissipa à peu près dix secondes avant le contact, et laissa le Soleil dégagé, mais non bien distinct, à cause d'une légère brume qui suivait le nuage. C'est à travers cette brume que le contact fut observé; on voyait un très-petit ligament. Je regardai alors les minutes sur le chronomètre; j'avais enregistré les secondes pour le contact intérieur à $13^{h}22^{m}20^{s},7$, temps sidéral. Revenant au télescope, j'observai d'abord une ligne mince de lumière entourant le bord de Vénus au point où précisément le contact avait lieu. Ma première idée fut que le contact n'avait pas lieu réellement; mais je vis presque immédiatement une ligne de lumière se projeter au delà du Soleil d'une manière très-distincte dans le ciel. Cette apparition dura tout le temps que je tins mon œil sur le Soleil, à peu près pendant 80 ou 100 secondes.

» Alors j'enlevai l'oculaire, dont le grossissement était de 145, et j'en mis un moins fort, de 52 seulement; puis j'observai Vénus pendant tout le reste du temps, jusqu'au contact extérieur. L'heure du passage calculée pour le centre de Vénus fut de $13^{h}36^{m}30^{s}$, et l'heure du dernier contact extérieur fut de $13^{h}51^{m}0^{s}$, temps sidéral. Ma sœur était présente pendant l'observation du dernier contact extérieur, et elle l'a observé avec moi. »

Rapport de M. Hunter, *en date de Suez*. — « Pendant quelque temps après le contact (au moins jusqu'à la première mesure de la corne du croissant), le bord de Vénus se montra d'une clarté très-brillante : c'était le bord qui venait de quitter le Soleil, de sorte que pour un peu j'aurais pu croire qu'on voyait le Soleil derrière elle, quoique les cornes fussent bien marquées. C'était une lumière brillamment argentée, comme l'extrémité d'un nuage.

Il n'y eut aucune brisure de la planète pendant l'observation, excepté à la première formation des cornes ; alors les pointes se montrèrent très-émoussées ; à tous les autres instants, les bords restèrent très-nets. L'heure donnée d'abord pour le contact intérieur peut être en retard d'une seconde ou d'une seconde et demie, parce que la formation de la ligne obscure a été instantanée, et à une telle distance de la pointe, que je regardai une seconde fois pour m'assurer moi-même qu'il n'y avait pas une illusion d'optique. Avant ce moment, il n'y eut aucun effet d'ombre ; mais, alors que la ligne s'élargissait au second moment d'observation, il y eut une ombre légère qui disparut aussitôt que les cornes se développèrent, avant le troisième instant de l'observation. »

Rapport du colonel CAMPBELL, *en date de Thèbes.* — « Le 9 au matin, à $6^h\ 39^m\ 43^s,6$, temps local, le soleil se leva sur les hauteurs, clair et dégagé de toute espèce de nuages ; aucun Memnon n'eut besoin d'élever la voix pour l'annoncer, et en dix secondes je tins Vénus en observation. Elle parut sur l'astre du jour comme une goutte noire ; naturellement, dans une position si abaissée, il y avait une grande réfraction, une grande oscillation, mais cela disparut promptement. Je pris une bonne série de mesures micrométriques de la distance du bord du Soleil et de son diamètre, de même pour les cornes après le contact.

» Juste avant le contact, je vis une faible lumière marchant sur le bord avant Vénus. J'eus un moment de surprise ; mais je reconnus immédiatement que la lumière était blanche, comme la Lune par comparaison avec la lumière du Soleil, et je ne m'en occupai plus en faisant l'observation de l'heure du contact. Il y avait à peine une goutte noire et seulement une ombre très-légère à l'avant. Quelques lignes d'interférence étaient sensibles ; mais le contact était clair et bien accusé. Je le trouvai à $8^h 16^m 10^s,6$; M. Adams Campbell, à $8^h 16^m 9^s,5$ et le Dr Auwers à $8^h 16^m 9^s,7$, temps local.

» Juste avant et après l'observation, le Dr Döllen avait comparé nos chronomètres avec les cinq qu'il avait ; et il nous a donné les corrections à ajouter au temps local. Mistress Campbell était dans sa tente, observant à quelque distance de la mienne et de mon télescope. Elle avait toujours été de $0^s,5$ en avance sur moi ; quant au Dr Auwers, il était un peu plus éloigné de nous. Le Dr Dollen fut si dérouté par la lumière dont j'ai parlé, qu'il fit son observation trop tard, et, d'après ce qu'il me dit, elle a été de dix secondes en retard sur celle donnée plus haut. L'heure locale observée par l'amiral Ommanney fut de $8^h 16^m 5^s,6$; mais il avait moins de pratique que les autres observateurs, et il venait à peine de prendre l'héliomètre de M. Auwers. Je considère les heures données plus haut comme pouvant inspirer toute confiance.

» Vénus a été visible sur le bord du Soleil durant quatorze minutes pendant que la moitié de son diamètre a fait son passage. Alors elle était seulement visible sur le Soleil ; sa lumière donc était invisible tout autour du bord qui était en dehors du Soleil, et cette partie avait l'aspect de la portion obscure de la nouvelle Lune. J'ai trouvé pour le dernier contact extérieur $8^h 44^m 41^s,6$ et le Dr Auwers $8^h 44^m 41^s,9$; un Américain habitant la localité, M. Adam Smith, trouve comme observateur indépendant le chiffre $8^h 44^m 41^s,4$. Le moment exact a échappé à mistress Campbell; mais elle le suppose à peu près le même, peut-être de deux secondes plus tard. »

Rapport du capitaine Abney, *même station.* — L'observateur a pu faire un grand nombre de photographies à l'aide de l'appareil de M. Janssen, dont nous avons donné la description plus haut.

« Je pense, dit-il, qu'il y a assez de données sur ma plaque pour permettre de faire une détermination exacte au moyen des mesures, quoique le limbe du Soleil ne soit pas aussi fixe qu'on le désirerait. Il s'est trouvé que l'air, juste après le contact, devint très-brumeux, au point qu'une plaque prise pour obtenir la position des alidades croisées fut toute couverte d'un brouillard à cause de la lumière du ciel réfléchie. Cette brume, comme on le sait, affecte les photographies avec plus d'intensité qu'elle n'affecte la vision dans un télescope, lorsqu'on se sert seulement d'une puissance modérée. Quant aux images du Soleil, il m'est difficile de dire de quelle valeur elles peuvent être. Celles prises à moitié chemin entre le lever du Soleil et le contact sont les meilleures. Je suppose qu'il faut l'attribuer à l'humidité de l'air, qui était moindre. Vénus aussi n'est pas très-fixe, et serait très-difficile à mesurer.

» Pour le contact extérieur, le signal destiné à se mettre

en mesure fut donné trop tôt par erreur ; mais je suis certain que, sur la plaque du Janssen, il y a assez de données pour contre-balancer les observations oculaires. La photographie faite au moment où le centre de la planète traversait le bord est la meilleure à utiliser.

» Je dois mentionner une particularité dans l'apparence de Vénus au moment du contact : c'est une ligne argentée bordant la jonction, juste au moment du contact, et s'étendant, après le troisième contact, à peu près à 90 degrés à l'ouest sur la partie extérieure du bord du Soleil que la planète vient de traverser, et jusque près du centre. A ce moment, je vis dans le chercheur la moitié extérieure de la planète (comme la nouvelle Lune dans sa partie obscure). La lumière de la ligne bordant Vénus était toute particulière ; je ne pouvais la voir que d'une manière confuse dans le chercheur, et très-légèrement dans le miroir de l'héliographe. Naturellement je n'ai pas eu le temps de faire des observations réelles, mais mes idées sont pleinement confirmées par tous les autres observateurs. On aura probablement vu les mêmes phénomènes dans d'autres stations. »

Extrait d'une lettre du Dr AUWERS *en date d'Alexandrie.* — « J'ai pris à Thèbes 104 mesures du diamètre de Vénus pour déterminer sa configuration, et j'ai trouvé qu'elle était sensiblement circulaire. Pour les observations du contact, j'ai été aux prises avec de grandes difficultés, le phénomène manifestant des différences très-sensibles avec ce que présentait le modèle ; ces différences provenaient d'une lumière crépusculaire très-forte qui entourait la planète, et qui se maintenait visible en dehors du Soleil, environ vingt minutes après le contact intérieur ; en outre, je me trouvais placé dans quelques circonstances particulières dépendant de l'heure la plus critique ; je crois cependant que j'ai réussi à observer le contact aussi exactement que le permet la nature du phénomène. »

Dans l'Inde le passage entier était visible.

Rapport du colonel TENNANT, *daté de Roorkee*. — « J'étais debout avant le lever du soleil, et mon premier regard fut pour Jupiter, dont les satellites ressemblaient à de petites comètes, et dont les bandes étaient à peine visibles avec un grossissement de cent vingt-cinq fois. Il est à peine nécessaire de dire que le soleil se leva agité de trépidations violentes. »

» Je vis la planète quatre ou cinq minutes après le premier contact, mais je ne pensai pas qu'il fût nécessaire d'en prendre note. Alors je commençai les observations micrométriques des cornes, à l'aide d'un micromètre à double image, d'une puissance égale à 128 et d'une révolution de 16",076. Avec ce micromètre je pris 16 mesures de la corde joignant les cornes à l'entrée. Le contact intérieur me surprit lorsque je me disposais à entreprendre mes mesures, et je ne pus atteindre la clef du chronographe, mais je notai l'heure au moyen du disque.

» Je pris alors 26 mesures de la distance des bords et 68 mesures du diamètre de Vénus, puis encore 16 mesures de la distance des bords et du dernier contact. Pendant tout ce temps, la vacillation était très-grande. »

L'observeteur s'est servi de toute l'ouverture de la lunette de 6 pouces, et n'a observé aucune trace de goutte noire, ni à l'entrée ni à la sortie. Quant à ce dernier phénomène, la ligne finale de lumière et les cornes étaient aussi fines que le diamètre du disque d'une petite étoile, et elles finirent par se dissoudre.

Le capitaine Waterhouse a obtenu cent neuf photographies du disque du Soleil, presque toutes au collodion humide. Quelques plaques sèches avaient été préparées et exposées ; mais, en fin de compte, il n'eut aucune confiance dans les plaques sèches, et se disposa pour opérer avec les plaques humides. Le résultat de l'appareil de Janssen au contact intérieur à la sortie a été affecté par un arrêt du chronographe.

Rapport de M. HENNESSY. — Station de Marz-Villa, Mussoorie, Himalaya, altitude 6500 pieds, latitude 30° 28′ N., longitude 78° 3′.

L'auteur a observé le phénomène avec l'équatorial de la Société royale, que le capitaine J. Herschel, pendant son absence de l'Inde, avait mis temporairement à sa disposition. L'objet spécial qu'il avait en vue était d'observer le passage à une *hauteur considérable,* et cette condition était facilement assurée sur les montagnes de l'Himalaya.

L'équatorial avait un objectif d'environ 60 pouces de distance focale, et il était mû par un excellent mouvement d'horlogerie.

L'oculaire le plus convenable pour observer l'entrée et la sortie était celui qui donnait un grossissement de 125. On choisit pour l'entrée deux verres qui, combinés, donnaient un champ neutre ou bleuâtre, et pour la sortie on remplaça l'un d'eux par un verre rouge foncé, de manière que le champ avait alors une couleur rouge modérément foncée. Les verres étaient tout à fait plans, et étaient placés l'un à côté de l'autre en contact intime, donnant une netteté parfaite. Le temps est resté extrêmement clair pendant toute la durée du passage.

Pendant qu'une partie du disque de Vénus était entrée sur le disque du Soleil, l'autre partie parut entourée d'un anneau lumineux. Le limbe du Soleil était onduleux et agité, comme en ébullition. Lorsque la planète eut fait une entaille sur le bord solaire, celui-ci parut ébréché comme par de petites pointes qui s'y seraient enfoncées ; le bord de la planète bouillait aussi comme le Soleil, et ce bouillonnement s'étendait à 2 ou 3 secondes au delà du bord solaire, avec de petites taches qui se détachaient et dansaient sur cet arc lumineux. Ni goutte ni ligament n'ont été vus soit à l'entrée, soit à la sortie.

Le colonel Walker, qui était à Dehra Doon, dans la vallée au-dessous, à environ 10 milles au sud de la position de M. Hennessey, a vu très-distinctement la goutte et le ligament.

Après avoir décrit ses observations, l'auteur conclut comme il suit :

L'aspect de l'anneau de lumière et de l'anneau bouillonnant l'ont convaincu que Vénus est environnée d'une atmosphère qui, à ce moment, était rendue visible sur une largeur de 2 à 3 secondes. La goutte ou le ligament était visible à une hauteur de 2200 pieds; mais à 6500 le ligament était invisible. On peut conclure de cette expérience que l'influence de la hauteur de la station est incontestable; mais il reste encore à expliquer le phénomène d'une manière définitive. « Toutefois, dit l'auteur, si l'on accorde qu'une atmosphère réelle d'une largeur x existe autour de Vénus, on peut supposer que cette atmosphère arrête une certaine quantité de lumière directe du Soleil, produisant une ombre légère autour de Vénus correspondant à cette largeur x. Je conçois que cette ombre doit être tout à fait invisible, lorsque son bord extérieur a derrière lui la lumière brillante du Soleil; mais, si nous pouvions rapetisser le Soleil de manière que son diamètre fût égal à celui de Vénus *plus* deux fois x, il est probable que nous verrions un anneau ombré exactement autour de Vénus, entre son limbe et celui du Soleil. L'anneau paraîtrait plus obscur à de basses qu'à de hautes altitudes, et deviendrait invisible lorsque l'observateur serait élevé à une hauteur suffisante de l'atmosphère terrestre. Si ces idées étaient reconnues soutenables, le ligament aperçu devrait se briser lorsque le bord extérieur de l'ombre passerait sur le limbe du Soleil.

« La lumière du Soleil brillant à travers l'atmosphère de Vénus ne produit pas de changement dans les raies du spectre solaire, autant que la dispersion d'un seul prisme simple peut les montrer. La face de Vénus, tournée vers nous, n'a paru réfléchir aucune lumière pendant le passage. »

Aux îles Sandwich l'entrée seule était visible, le soleil étant couché pour la sortie.

Rapport du capitaine TUPMAN, *en date de Honolulu.* — « Le ciel était entièrement pur, circonstance non tout entière en notre faveur, parce que la chaleur du soleil était accablante. Les murs des cabanes étaient brûlants, et il en résultait des courants d'air qui s'élevaient devant les objectifs de l'équatorial et du photohéliographe. Ces courants d'air produisaient à un très-haut degré le phénomène connu sous le nom d'*ébullition*.

» Dix minutes avant l'heure calculée pour le contact extérieur, j'ai commencé à guetter ce qu'on appelle la chromosphère[1], qui brillait avec éclat au-dessus du champ de la lunette. Je vis pendant environ une minute le bord de la planète, qui s'avançait très-distinctement. L'heure donnée dans le *Nautical Almanac* me parut être d'environ deux minutes en avance. Lorsque Vénus fut à moitié chemin dans la chromosphère, je donnai le signal pour commencer la première plaque du Janssen. Le contact extérieur passa ; je laissai à M. Nichol le télescope de 4 ½ pouces, et je pris celui de 6 pouces. J'observai la planète jusqu'à ce que mon œil fût fatigué et que le Soleil fût trop bas pour avoir des mesures dignes de confiance. Avec un verre noir, Vénus était distincte à l'œil nu.

» M. Nichol a fait une belle série de mesures au micromètre. Il a retiré son micromètre trente secondes avant moi ; et voyant, ainsi qu'il en avait la pensée, que le contact était passé, il n'a enregistré aucune autre heure. Je n'en suis pas surpris du tout, car il n'y avait rien de saillant à noter, et l'entrée complète a été si graduelle que tout le monde aurait pu l'enregistrer dix secondes avant moi, et elle aurait été probablement tout aussi exacte. Ma première impression a été qu'une telle observation n'a aucune valeur. C'eût été quelque chose du même genre que de déterminer où finit la lumière zodiacale, en tenant compte naturellement de ce que nous nous attendions à voir arriver le contact à une seconde près. »

Le lieutenant Ramsden a exposé les deux plaques du Janssen exactement au moment convenable; mais malheureusement il dirigea l'instrument d'un arc de quelques secondes en trop du côté de Vénus. Douze plaques ont été exposées entre les contacts, et cinquante après. L'ébullition du bord était très-considérable.

Le spectroscope a été disposé avec soin à une heure de l'après-midi; on avait fait d'abord la comparaison des montres et des chronomètres. La fente était ouverte d'environ 0,0016 de pouce. Elle paraissait couvrir un arc de 4 à 5 secondes, en jugeant d'après l'étendue de la couche d'hydrogène visible à ce moment. Les protubérances étaient nettement définies; mais, juste au sommet du Soleil, elles n'étaient pas élevées.

Le mouvement d'horlogerie maintint pendant plusieurs minutes la partie supérieure de la fente tangente au bord du Soleil, et il en résulta une ligne brillante continue C. Tout le spectre était intercepté par un diaphragme, excepté sur une bande étroite qui contenait la ligne C dans son milieu, de sorte que la lumière n'était pas insupportable.

La première heure enregistrée par le chronomètre, à savoir $3^h 5^m 57^s$, était une erreur. On avait pris le côté de la protubérance pour le bord de Vénus qui s'avançait. A $3^h 14^m 17^s,5$, on crut voir le bord supérieur de la ligne rouge plus pur qu'auparavant, à peu près exactement sur le sommet du Soleil. A $3^h 14^m 56^s$, la ligne parut entièrement séparée. 20 secondes plus tard, on remarqua une longue séparation noire; la raie brillante C se projetait de l'autre côté de Vénus, et le Soleil était entamé : le contact extérieur venait d'avoir lieu.

« Alors, dit l'auteur, je retirai le spectroscope, je mis en place le micromètre à double image, et je pris huit mesures de la distance entre les cornes émoussées de la planète. Je fis cette opération plutôt pour faire quelque chose que dans la pensée de recueillir des mesures qui pourraient avoir quelque utilité ultérieure. »

L'observateur ajoute qu'il examina la planète sans rien voir qui fût digne d'être mentionné, et qu'il prit un grand nombre de mesures de son diamètre.

Fragment d'une lettre adressée par le capitaine TUPMAN *au capitaine* R. CATOR. — « Le ciel a été sans nuages pendant toute l'après-midi, et les conditions atmosphériques ont été généralement favorables. J'ai observé avec le spectroscope le contact extérieur de la planète et du bord du Soleil à $3^h\,7^m\,1^s$, temps moyen. M. Noble crut l'avoir saisi à $3^h\,7^m\,3^s$. Pendant le passage de la planète sur le bord du Soleil, M. Nichol et moi avons pris quarante mesures micrométriques.

» La phase importante du phénomène du contact intérieur a présenté des circonstances tout à fait inattendues, entièrement différentes de ce que nous pouvions prévoir ; car, plusieurs minutes avant le contact, on vit une faible lumière derrière Vénus, au delà du bord du Soleil, qui rendit visible le cercle complet de son disque.

» Depuis ce moment jusqu'à celui du contact complet, on ne put saisir aucune phase soudaine ou bien accusée, telle que nous avions été habitués à les remarquer dans la pratique du modèle. Ainsi les observations oculaires du contact ne fournissent pas des résultats d'une grande valeur. Tels qu'ils sont, les chiffres suivants donnent les heures observées; le contact est donné avec exactitude, les heures sont les temps solaires moyens de la localité : M. Noble, $3^h 35^m 54^s,4$; le capitaine Tupman, $3^h 35^m 55,7$. »

« A cause de l'apparition inattendue de la lumière au delà de Vénus, M. Nichol a enregistré son heure 47 secondes plus tôt. Après le contact, on a obtenu 81 mesures des distances des bords.

On a pris aussi dans cette station un grand nombre d'excellentes photographies.

Rapport du lieutenant NOBLE, *en date d'Honolulu.* — « Comme l'heure du contact extérieur approchait, j'observai une légère entaille au sommet du Soleil, et, lorsque je fus bien assuré que Vénus était entrée sur le Soleil, je criai *stop* au lieutenant Shakespear, qui suivait le chronomètre depuis quatre ou cinq minutes. J'estimai que l'heure du contact extérieur avait eu lieu $2^m 30^s$ avant celle enregistrée, et je mis une note à cet effet dans le registre des opérations. Puis je quittai le télescope, et je jetai seulement quelques coups d'œil à mesure que la planète avançait vers le Soleil, jusqu'à dix minutes environ après l'heure du contact intérieur, moment auquel je tins l'instrument dirigé sur le bord solaire. En surveillant ainsi son mouvement, je fus étonné de voir très-distinctement le disque complet de la planète, et je demandai au lieutenant Shakespeare combien il restait de temps avant le contact; il me dit : « Un peu plus de cinq minutes. » Nous étions d'accord pour considérer l'heure du *Nautical Almanac* comme précédant d'environ deux minutes le contact extérieur. Le bord du Soleil était très-continu, et la planète entièrement circulaire, ayant autour d'elle un bord bleuâtre.

» La première heure enregistrée pour le contact intérieur, $20^h 45^m 43^s$, est celle qui correspond au moment où les cornes paraissaient réunies. Il n'y avait aucune goutte noire, aucun ligament, mais une ombre sombre et informe, qui s'est fondue graduellement dans une teinte mince, correspondant au phénomène que j'avais observé dans le modèle. Le fait, au lieu d'être presque instantané, comme le modèle le montrait, dura un peu plus de vingt secondes. La seconde heure du contact intérieur est donc $20^h 46^m 2^s$. »

Rapport de M. Nichol, *en date de Honolulu.* — « La première heure enregistrée fut celle à laquelle j'aperçus une dentelure bien accusée sur le bord du Soleil, et, d'après sa dimension, le contact doit avoir eu lieu entre trente secondes et une minute avant ce moment. Alors je changeai de place avec le capitaine Tupman, et je pris son télescope de $4\frac{1}{2}$ pouces; la planète était au milieu du champ de vision, le télescope exactement au foyer et la lumière d'égale intensité. On a fait douze observations du diamètre avec le micromètre à double image, alors que la planète paraissait être pleinement à moitié chemin sur le Soleil.

» On a fait soixante-dix observations des cornes; les extrémités en étaient nettement accusées.

» Après avoir mis à la lunette un oculaire négatif (d'un grossissement de 130 environ), j'observai la planète, et je ne fus pas médiocrement surpris de voir une lumière parfaitement distincte tout autour d'elle. Cette lumière a dû se présenter immédiatement après le contact. J'enregistrai cette heure comme la première observation du contact, parce que je vis la bande de lumière étroite et continue. Je continuai à regarder pendant environ deux minutes, mais je ne pus voir aucun phénomène instantané de contact ni de goutte noire.

» D'après ce que j'ai appris par d'autres personnes qui ont continué à observer avec le même oculaire pendant tout le phénomène, je suis porté à penser que la mince ligne de lumière que j'ai observée en changeant les oculaires doit avoir été due à la lumière provenant de la couronne du Soleil. »

MM. Forbes et Johnson ont également observé le passage, le premier à Kaïlua, le second à Waïméa. Douze minutes avant la rencontre des cornes, Vénus était visible distinctement dans sa totalité; un faible anneau de lumière commençait à paraître sur le contour du Soleil; $4^{m}30^{s}$ après, l'anneau de lumière devint tout à fait apparent, et il n'y eut aucune goutte noire. Le temps resta beau pendant toute la durée du passage.

Le révérend Robert Dunn, qui a fait des observations à la même station, fait remarquer que, avant le contact intérieur, il vit la lumière autour de la planète, et eut l'impression qu'il se faisait illusion de lui-même par le désir qu'il avait de voir tout le disque.

A propos de l'observation du passage aux îles Sandwich, ajoutons que les indigènes ont accueilli avec le plus grand respect les astronomes anglais chargés de ces observations. Les prières les plus ferventes furent adressées au grand Manitou, à la déesse Pelé, et à tous les dieux, pour leur demander un temps favorable. Ces vœux furent complétement exaucés, excepté à Hawaï, où un nuage empêcha la parfaite réussite des observations. A Honolulu tous les indigènes observaient les phases du phénomène avec un verre noirci ; dans les rues, avant 3 heures, on apercevait les Kanakes des deux sexes, avides de contempler l'étoile *Hokukaa*.

Ils savaient que le capitaine Cook, qu'ils appellent *Louo*, après avoir découvert ces îles à son premier voyage, les avait visitées une seconde fois pour observer le passage d'une étoile sur le disque du Soleil, et tous voulaient savoir si les hommes blancs ne s'étaient pas trompés dans leurs prophéties.

On peut se figurer sans peine la joie qui éclata parmi tous ces curieux quand, un peu avant 3 heures, quelques naturels plus clairvoyants que les autres s'écrièrent : ha-ala-ha ! c'est-à-dire : la voilà !

Tout le monde regarda, et, en effet, il y avait une entaille sur le disque du Soleil ; le point s'agrandit et parut comme une tache, qui se rapprochait du centre.

Un seul cri partit de toutes les poitrines : Lono était un grand prophète. Aussi, pour rappeler et éterniser cet événement, le congrès hawaïen a-t-il résolu d'ériger un monument en l'honneur de Cook, à l'endroit même où le célèbre navigateur a péri.

Dans la *Nouvelle-Zélande*, le temps s'opposa malheureusement à toute espèce d'observation. Ce contretemps fut d'autant plus fâcheux que l'expédition se composait d'un grand nombre d'observateurs expérimentés, et que le major Palmer, chef de cette station, avait fait des préparatifs analogues à ceux de M. Bouquet de la Grye, à l'île Campbell.

Il n'en a pas été de même heureusement en Australie, où le passage entier était visible.

Fragment d'une Lettre de M. Ellery *en date de l'Observatoire de Melbourne.* — « Nous avons eu en Australie un très-beau succès pour le passage de Vénus, et nous avons observé les contacts intérieurs à l'entrée et à la sortie, dans des circonstances exceptionnellement favorables.

» L'une ou l'autre des phases a été saisie à chacune de nos trois stations auxiliaires. Les heures ont été un peu en retard pour l'entrée, et un peu en avance pour la sortie sur celles données dans l'éphéméride. J'ai envoyé à la Société royale astronomique des Notes détaillées de nos observations faites à Victoria, ainsi que des diagrammes bruts. Notre travail photographique pour le transit n'est pas, j'ai lieu de le craindre, très-bien réussi ; cependant nous avons obtenu plusieurs photographies par le procédé à voie sèche. Nous attendons ici, au mois de février, quelques-uns des astronomes de l'expédition du Sud. Les Américains témoignent le désir de réunir en ce moment une conférence à Melbourne, afin de comparer les notes et autres documents. A Tasmania, il n'y a eu qu'un succès partiel. Le professeur Harkness a obtenu de bonnes photographies à Hobart-Town, mais je crois qu'il n'y a pas d'observation de contact. Le capitaine Raymond, à Campbell-Town (autre station de Tasmania) a moins bien réussi encore. Les Américains ont été plus heureux dans le Sud ; les Allemands, dans les îles Auckland, ont été plus favorisés qu'on ne l'avait pensé d'abord, car, malgré la perte des premières phases, le ciel s'est éclairci et l'on a obtenu une bonne série de photographies, ainsi que les phases à la sortie. On a eu beaucoup d'inquiétude sur leur sort, parce qu'ils n'avaient pas fait avant le passage les échanges chronométriques projetés entre les îles et le *Bluff*, vaisseau en station à la Nouvelle-Zélande. La frégate des États-Unis alla à leur rencontre aux îles Chatam ; mais déjà ils avaient réglé leurs chronomètres au navire. »

Tel est l'ensemble des observations faites par les astronomes anglais disséminés à la surface du globe pour le passage de Vénus. Résumons maintenant celles des astronomes américains.

Les astronomes américains avaient choisi huit stations, trois dans l'hémisphère boréal et cinq dans l'hémisphère austral. Ces huit stations étaient distribuées comme il suit :

Missions américaines.

HÉMISPHÈRE BORÉAL.

Chine : Pékin.
Sibérie : Wladiwostok.
Japon : Nagasaki.

HÉMISPHÈRE AUSTRAL.

Ile Kerguelen.
Nouvelle-Zélande : Queenstown.
Iles Chatam.
Tasmanie : Campbell-Town.
id Hobart-Town.

La première station était dirigée par M. Watson; sans être parfaitement favorisée par le temps, elle a été l'une des moins maltraitées. Nous avons déjà vu qu'à Pékin l'entrée et la sortie de Vénus étaient toutes deux visibles, et que, malgré certaines alternatives de mauvais temps, la mission française a pu photographier les quatre contacts. Il en a été de même pour M. Watson. Il a pu prendre 90 photographies, tant à l'entrée qu'à la sortie. L'astronome américain était accompagné de sa femme et d'un opérateur photographe; il a profité de son séjour à Pékin pour prendre des photographies de certaines curiosités astronomiques chinoises peu divulguées jusqu'ici. Nous en parlerons tout à l'heure.

Le ciel était très-pur au moment de l'entrée de Vénus sur le disque solaire, et le premier contact a pu être nettement observé. « Quand la bande de lumière entre Vénus et le bord du Soleil fut réduite à environ une seconde d'arc (peut-être 0″,8), elle fut interrompue par des ombres tremblotantes. Le phénomène commença par une ombre unique, se montrant à la partie la plus déliée de la bande lumineuse, et augmentant d'épaisseur à mesure que la bande devenait plus étroite. Ce n'étaient point des ombres permanentes, mais des ombres oscillantes qui semblaient se déplacer suivant les rayons de Vénus. Ces ombres étaient tout à fait indépendantes et distinctes des ondulations du bord du Soleil. La première ligne noire se montra 24ˢ,5 avant que les cornes fussent formées, et ne dura qu'un instant. L'image était nette et bien définie dans la lunette, quoique le bord du Soleil fût

Fig, 29. — Installation de la mission américaine à Pékin.

onduleux. Pendant ces vingt-quatre secondes, les ombres devinrent de plus en plus nombreuses et de plus en plus noires ; mais on ne cessa pas de voir la ligne de lumière, sauf les courts moments où elle disparaissait comme je l'ai indiqué. A l'instant que j'ai marqué comme le troisième contact, le jeu des ombres cessa de se produire ; la ligne fut brisée d'une manière permanente et soudaine, et les cornes se formèrent instantanément. Elles étaient tout à fait aiguës, et l'on ne voyait aucune trace du ligament noir qui a été décrit dans les observations du siècle dernier. Cependant, quand les ombres eurent cessé et que les cornes aiguës distinctes se furent formées, l'espace compris entre les cornes ne devint pas noir tout d'un coup, sans transition. Pendant quinze secondes, cet espace fut teinté d'une couleur grise très-visible. Au moment où je vis ce phénomène se produire, je lui donnai le nom de *crépuscule*, et je m'imaginai que la couronne, ainsi que la chromosphère, jouait un rôle dans sa formation ; mais un peu de réflexion ne tarda point à me convaincre qu'il est dû à l'atmosphère de Vénus.

» Je ne sais pas jusqu'à quel point on a fait entrer en ligne de compte, dans la discussion des passages du siècle dernier, l'influence de l'atmosphère de Vénus. L'effet de cette atmosphère doit être d'augmenter le diamètre apparent de Vénus ; car les rayons de lumière solaire qui sont entrés dans les portions inférieures de l'atmosphère de Vénus se rencontrent en un point focal, entre l'observateur et la planète, ce qui fait nécessairement qu'ils augmentent le diamètre du disque occultant. Ils donnent en même temps lieu à une faible illumination du disque de Vénus, de telle manière que d'autres observateurs ont pu voir la planète non-seulement lorsqu'elle était sur le Soleil, mais même avant qu'elle y fût entrée. Les rayons de lumière arrivant au foyer derrière l'observateur doivent donner lieu à une couronne autour de Vénus, et j'ajouterai même que j'ai pu voir ce phénomène, à plusieurs reprises, pendant la durée du passage. Après ces explications préliminaires, il est facile de décrire l'ordre dans lequel les phénomènes doivent se développer, et l'on reconnaîtra toutes les phases que j'ai décrites.

» Après l'entrée de la planète sur le disque du Soleil, dans le voisinage du second contact, la réfraction de la lumière par l'atmosphère de Vénus, au-dessus des parties qui produisent l'augmentation du diamètre apparent de la planète, doit relever les cornes et faire que le bord du Soleil devienne visible avant le contact réel du disque occultant. La bande étroite qui est ainsi produite par surélévation optique doit être brisée par les ombres et devenir de plus en plus brillante jusqu'au contact. C'est seulement lorsque le bord du Soleil s'élève au-dessus de l'horizon de Vénus que ces perturbations peuvent cesser. Avant que le bord du disque devienne visible par réfraction, l'illumination de l'atmosphère de Vénus doit produire une sorte de crépuscule, visible entre les cornes.

» Les mêmes phénomènes doivent apparaître, en ordre inverse, au troisième contact. A partir du contact réel, lorsque le bord du Soleil se couche derrière l'horizon de Vénus, la réfraction doit montrer une bande étroite de lumière qui doit être interrompue par des franges obscures, ou des ombres devenant de plus en plus foncées, jusqu'au moment où le Soleil commence à se coucher en apparence sur le bord de la planète, et où les cornes commencent à se former. Alors doit venir le crépuscule, qui apparaît comme une faible illumination entre les cornes.

» D'après mes observations, j'ai cherché à calculer quelle est l'étendue probable de l'atmosphère de Vénus et quels sont ses effets sur le temps du contact; or cet effet sera de retarder le temps du premier contact et d'accélérer le temps du quatrième. Si nous appelons Δt_1, Δt_2, Δt_3, Δt_4 les corrections qui doivent être appliquées aux heures calculées, savoir t_1, t_2, t_3, t_4, les contacts réels seront donnés, si les éléments sont exacts, par ce qui suit :

Premier contact............	$t_1 + \Delta t_1$
Deuxième contact...........	$t_2 - \Delta t_2$
Troisième contact...........	$t_3 + \Delta t_3$
Quatrième contact.	$t_4 - \Delta t_4$

» Je trouve que, si nous diminuons de 1″,5 la valeur donnée par Bessel pour le demi-diamètre du Soleil, la correction du demi-diamètre de Vénus au moment du passage doit être environ + 0″,464. La différence de la longitude de Vénus et de la longitude du Soleil doit recevoir une petite correction de — 0″,15, et la somme des corrections, tant pour la longitude du nœud que pour l'erreur sur la latitude du Soleil, est d'environ + 3″,0.

» Si nous admettons que le diamètre de la planète

soit connu avec exactitude, la portion de l'atmosphère de la planète qui devient visible, et augmente ainsi les dimensions du disque occultant, possède une hauteur égale à $\frac{1}{70}$ du rayon de la planète, ou environ 88 kilomètres.

» Le crépuscule qui s'est montré entre les cornes doit être dû à une hauteur d'atmosphère ayant bien à peu près cette valeur. En effet, si nous supposons une hauteur apparente d'une demi-seconde d'arc, nous trouvons que le crépuscule doit durer quatorze secondes : je l'ai observé pendant quinze secondes au troisième contact.

» En déterminant la valeur de la parallaxe du Soleil par les observations des contacts intérieurs, la difficulté sera de fixer avec précision les heures des phases correspondantes observées. Je crains que, sans explication précise, les temps soient aussi peu d'accord que dans les passages du siècle dernier. Aux endroits où le ciel était clair, le brillant crépuscule précédant la jonction des cornes, lors du second contact, et suivant leur formation lors du troisième, peut avoir été considéré, dans beaucoup de cas, comme le temps du vrai contact. Dans un ciel très-clair, les phases suivantes et précédentes peuvent avoir été considérées comme aussi bien définies que celles que j'ai observées à Pékin. Il me semble maintenant que notre Commission américaine aurait mieux fait de donner aux observateurs l'instruction de noter au moins deux moments où ils ont des phases définies : il eût été plus sage, à mon sens, de s'abstenir de leur demander de déterminer sur-le-champ l'instant qui, suivant eux, doit être considéré comme le moment du vrai contact. Dans tous les cas où les procès-verbaux indiqueront clairement ce que l'observateur a vu à l'heure enregistrée, il sera possible de comparer les observations des différentes stations. On pourra de la sorte déterminer la parallaxe, par l'observation des phases, avec autant de précision que si l'on avait noté directement le vrai contact. En effet, l'angle de position variant très-peu pour les stations les plus éloignées, la différence d'aspect des phases est tout à fait négligeable. »

La relation précédente a été adressée à l'Institut par M. Watson. M. Fleuriais, chef de la mission française à Pékin, l'a confirmée par ses propres impressions. Les deux observateurs se sont à peine vus pendant leur séjour dans la capitale du Céleste Empire, et ne s'étaient point communiqué leurs résultats ; la coïncidence des impressions n'en est que plus remarquable. Dans son Rapport, déposé au mois d'avril au secrétariat de l'Institut, M. Fleuriais s'exprimait dans les termes suivants :

« Aux approches du troisième contact, il s'est formé, entre les deux disques, une série de franges concentriques à la planète. Ces franges n'étaient pas immobiles ; elles produisaient sur l'œil un *effet de battement*. Cette apparence a cessé pour faire place à une teinte grise uniforme.

» La tangence géométrique n'a eu lieu que quelques secondes après.

» Au deuxième contact, les apparences avaient été les mêmes, naturellement dans un ordre inverse, mais les périodes avaient été plus courtes.

» Les effets ayant été d'autant plus marqués que les ondulations avaient été plus sensibles, j'ai attribué non la teinte uniforme grise, que l'hypothèse de l'atmosphère de la planète explique bien, mais l'effet de battement, à une impression particulière produite par le mélange de faisceaux lumineux en ondulations discordantes.

» Mais, écartant ici toute hypothèse sur les causes, je ferai simplement remarquer que le rapprochement évident des expressions *ombres tremblotantes* et *effets de battement*, employées, la première par M. Watson, la seconde par moi, affirme presque certainement l'existence d'un fait dont la cause, dès lors, ne doit être recherchée ni dans la nature des instruments employés, ni dans une disposition spéciale ou fatigue de l'œil de l'observateur.

» Pour les deux contacts internes, j'ai noté, par tops électriques, trois phases distinctes, savoir :

Contact	Phase	Intervalle
2ᵉ contact.	1° Tangente géométrique..	intervalle 7ˢ.
	2° Fin de la teinte grise.	
	Formation des franges.	intervalle 8ˢ.
	3° Filet blanc............	
3ᵉ contact.	1° Formation des franges.	intervalle 16ˢ.
	2° Teinte grise uniforme..	
		intervalle 8ˢ.
	3° Contact géométrique...	

» Pendant ces périodes, l'œil n'a pas quitté l'oculaire, et des déplacements incessants, donnés à ce dernier, enlèvent la crainte d'erreur d'appréciation provenant d'une mise au point défectueuse.

» Ce sont les instants intermédiaires que, pour

l'un et l'autre contact, j'ai adoptés comme devant répondre à des phases particulièrement intéressantes.

» Ma pensée est que ces instants correspondent non aux contacts vrais, mais aux contacts du disque apparent de Vénus, par suite agrandi dans l'hypothèse de l'atmosphère, avec le bord vrai du Soleil.

» Enfin, pour terminer, j'ajouterai que la combinaison de deux séries de distances de cornes, mesurées

L'une, $5^m 7^s$ avant le 2e contact,
L'autre, $3^m 35^s$ après le 3e contact,

donne, pour l'intervalle écoulé entre lesdits contacts, une valeur différente de 2 secondes de la valeur trouvée directement.

» L'extrême difficulté que présente l'obtention de bonnes mesures micrométriques ne me fait attacher, bien entendu, qu'une faible importance à un accord qu'il est cependant bon de signaler. »

Nous avons dit que M. Watson avait profité de son séjour à Pékin pour prendre des photographies de ses principaux monuments astronomiques.

Malgré l'imperfection des connaissances astronomiques des Chinois, l'Astronomie est, comme on le sait, la base ancienne de leur organisation politique. Le tribunal astronomique, à la tête duquel se trouve actuellement un oncle de l'empereur, le propre neveu du prince Kong, est la première, la plus importante de toutes les administrations publiques. Il ne se compose pas de moins de cent quarante membres.

Comme le fait notre Bureau des Longitudes, ce tribunal est chargé de régler le calendrier. Mais là ne se borne point sa mission : il a de plus le devoir de tenir

Fig. 30. — Le temple du Ciel à Pékin.

le Fils du Ciel en communication constante avec les puissances célestes. C'est lui qui avertit l'empereur de tous les présages découverts dans les mouvements des astres, c'est lui qui détermine l'instant favorable pour l'exécution des sacrifices offerts solennellement au Soleil, à la Lune ainsi qu'aux diverses planètes.

La capitale est entourée de temples qui tous ont une signification astrologique.

Au nord se trouve le temple de la Terre, à l'est le temple du Soleil et à l'ouest le temple de la Lune. Au sud-ouest de Pékin, dans la ville chinoise, s'élève le temple de l'Agriculture, où l'empereur se rend, comme on le sait, tous les ans au printemps pour tracer un sillon et décréter, au nom du ciel, que l'année sera prospère pour les cultivateurs.

Au sud-est s'étend, juste en face du temple de l'Agriculture, un parc immense d'une étendue d'environ 80 hectares, borné au nord et à l'ouest par des murs très-élevés, au sud et à l'est par les remparts de la ville impériale. Dans l'intérieur de cette vaste enceinte s'en trouve une seconde, renfermant des jardins merveilleux et des routes entretenues avec le plus grand soin, qui conduisent aux cours et aux bâtiments. Cet ensemble forme *le Temple du Ciel,* le plus sacré de tous les temples chinois, le seul que le gouvernement de l'empire du Milieu n'autorise point à visiter. C'est par la ruse, un peu de violence et quelque argent donné à propos que l'astronome américain est parvenu à s'introduire dans ce lieu sacré.

En avant d'une rangée d'édifices formant une masse imposante, on voit s'élever un bâtiment circulaire de grande hauteur, recouvert par un toit conique, construit avec des tuiles de porcelaine bleu d'azur.

On peut entrer dans ce sanctuaire par deux immenses portes, et le jour y pénètre par de magnifiques fenêtres garnies de persiennes faites avec des plaques de verre bleu. Les murailles sont colorées en brun sombre. Les terrasses, la grande plate-forme et les approches sont en marbre blanc, couvertes d'élégantes sculptures et polies avec un soin minutieux.

Le dôme, très-élevé, est soutenu par d'immenses colonnes de bois couvertes par une sorte de composition en plâtre et ornées de peintures exécutées avec le plus grand soin. Il est coloré en bleu et représente la voûte céleste.

En face des portes s'élève un dais doré où l'on monte par deux escaliers et sous lequel est abrité le trône de l'empereur. Autour se trouvent rangés sept autres trônes. C'est là que, le jour du solstice d'hiver, se rend l'empereur de la Chine, afin de faire les sacrifices au Ciel, de lui offrir ses actions de grâce pour l'année qui est presque terminée, et de lui demander ses bénédictions pour le cycle qui va commencer au mois de février suivant.

L'empereur seul a le droit de pénétrer dans l'édifice sacré, mais Sa Majesté n'y est point isolée, car dans cette occasion solennelle les mânes de tous les empereurs de sa dynastie viennent prendre place sur le trône qui leur a été réservé, et l'assister de leur présence invisible et de leurs conseils.

L'espace occupé par ces enceintes est si vaste, et les murs qu'il a fallu franchir pour y parvenir sont si élevés que l'on se sent tout à fait séparé du monde et que l'on se croirait dans un monde nouveau. Le silence de mort qui y règne, la structure étrange des édifices, les bosquets merveilleux, les allées ombreuses, tout cela paraît une terre fantastique et prend l'aspect de paysages enchantés !

Les rapports des empereurs de la première dynastie mongole avec les Arabes étaient si fréquents que l'on trouve encore aujourd'hui à Pékin d'excellents spécimens d'instruments d'Astronomie construits du temps de Koublaï-Khan, le premier empereur de cette race. Les astrolabes construits par ordre de ce conquérant sont en excellent bronze et de dimensions considérables. Du temps de Marco Polo, voyageur vénitien qui visita la Chine pendant le règne de ce prince, ils servaient aux observations du tribunal astronomique, puis ils furent placés sur le mur où M. Watson les a photographiés.

Les jésuites avaient, comme on sait, installé au siècle dernier à Pékin un observatoire moderne, enrichi d'appareils cosmographiques remarquables. Le P. Charles, l'un d'eux, devint président du tribunal astronomique et par conséquent ministre de l'empire. Il fit agrandir la plate-forme dont on se servait jusqu'alors et placer dans cet observatoire un énorme cadran, fabriqué à Paris, muni d'un cercle doré sur lequel toutes les divisions ont été gravées avec soin. Il a aussi ajouté aux instruments que possédaient ses prédécesseurs deux cadrans de construction chinoise, un instrument pour prendre les hauteurs, un autre pour prendre les azimuts et même un équatorial.

Tous ces instruments sont magnifiquement exécutés en bronze, les graduations du cercle sont gravées avec

Fig. 31. — Sphère armillaire chinoise construite sous le règne de Koublaï-Khan.

soin, et l'on peut lire les subdivisions à l'aide d'un vernier.

Les tables de calculs dont on se sert au tribunal astronomique ont été faits par les jésuites du temps de l'empereur Kien-Long, qui mourut au commencement de ce siècle. Ils prédisent un passage pour le 10 décembre 1874, mais à une heure telle que le soleil est encore couché à Pékin lorsque la planète sort du disque, et que par conséquent le phénomène ne peut s'y observer. Aussi, lorsque le gouvernement chinois apprit que les barbares du dehors envoyaient en Chine des astronomes pour photographier un passage de Vénus qui aurait eu lieu la veille, il crut naturellement qu'on cachait le véritable objet de l'expédition; mais les préparatifs astronomiques faits par les étrangers étaient si considérables que tout Pékin sut bientôt ce dont il s'agissait, et que la question du passage passionna vivement l'opinion. Tout Pékin était debout le jour indiqué par les diables étrangers, et les habitants du Céleste Empire assez riches pour acheter des jumelles de fabrique barbare purent voir Vénus passant sur le disque à l'heure indiquée [1].

[1] Comme les astronomes officiels étaient obligés de mettre d'accord le passage d'un point noir sur le disque avec l'infaillibilité de leurs calculs, ils prirent le parti de déclarer dans leur rapport à l'empereur qu'un bouton de petite vérole s'était déclaré sur la face du Soleil. Le mot chinois qui sert à désigner ce mal est le même que celui dont ces savants astronomes officiels devaient se servir pour indiquer le passage de Vénus. Par une coïncidence des plus bizarres, le jour même du passage, une tache de

Sans entrer dans les détails de l'observation pour toutes les *stations* américaines, ajoutons que la seconde, celle de Wladivostok, en Sibérie, voyait, comme celle de Pékin, l'entrée et la sortie de la planète, et était dirigée par M. Hall. Elle n'a pas été aussi bien favorisée de l'atmosphère, et les observateurs n'ont pu prendre que 13 photographies. Au Japon, au contraire, à Nagasaki, on a pu en prendre 60. L'expédition avait pour chef M. Davidson. A l'île Kerguelen, les Américains ont pris 26 photographies, tant de l'entrée que de la sortie. Dans la Nouvelle-Zélande, ils en ont pris 59 de l'entrée. C'est le lieutenant Peters qui dirigeait cette mission, et la précédente avait pour chef le capitaine Ryan. Aux îles Chatam (professeur Smyth), on n'a pu prendre que 8 photographies. Enfin, dans la Tasmanie, on a réussi à obtenir 55 photographies du passage à Campbel-Town, et 39 à Hobart-Town.

Les Américains avaient choisi pour méthode de photographier le Soleil pendant le passage, de telle sorte qu'on eût surtout la mesure précise des distances du *centre* de Vénus au *centre* du Soleil, sans s'inquiéter

petite vérole apparut réellement sur la figure de l'empereur, qui mourut peu de jours après.

Ainsi des circonstances qui auraient dû ébranler la crédulité publique et montrer l'ignorance du tribunal astronomique ne servirent qu'à donner de nouvelles racines à l'astrologie gouvernementale : car on ne tarda pas à conclure de ce qui s'était passé que si l'empereur est mort, la faute en est à ces diables étrangers qui sont venus des pays les plus éloignés empoisonner le Fils du Ciel.

spécialement de la netteté des bords du disque de la planète ni de ceux du disque solaire. Les astronomes européens, au contraire, ont eu surtout en vue (nous ne parlons pas de l'appareil Janssen, qui est spécial) d'obtenir des épreuves du Soleil bien nettes et bien définies, comptant que ces épreuves indiqueraient la vraie position de Vénus sur le disque solaire. En considérant la question au point de vue mathématique, la méthode américaine est certainement plus ingénieuse et plus précise pour l'obtention du chiffre de la parallaxe. De plus, étant assurés qu'on ne doit pas exclusivement se fier aux observations des contacts, ils ont pris des mesures pour déterminer la corde par la photographie. Il faut convenir aussi que leurs stations étaient admirablement choisies.

Aux expéditions françaises, anglaises et américaines ajoutons maintenant celle que les astronomes italiens préparèrent avec tant de soin et menèrent à si bonne fin. Le nombre des astronomes italiens n'est pas si considérable et les finances de l'État ne sont pas dans un tel état de prospérité, qu'on ait dû songer à multiplier les stations italiennes et à y consacrer les sommes importantes qu'on a votées dans ce but en Amérique, en Angleterre et en France. Mais il est digne de remarque que le gouvernement italien n'a pas voulu rester en arrière. Les astronomes Lorenzoni, de Padoue; Secchi, de Rome; Tacchini, de Palerme, mirent, dès 1873, la plus grande ardeur à préparer le succès de l'expédition. Les deux premiers ne pouvaient prendre part au voyage ; mais leurs recherches devaient aplanir les principales difficultés et mettre en évidence les meilleurs modes d'observation. L'astronome de Palerme fut choisi pour chef de l'expédition, qui fut ainsi composée :

Mission italienne.

P. Tacchini, observation spectroscopique.
A. Dorna, } observations aux équatoriaux.
A. Abetti, }

A ces observateurs s'adjoignirent M. Morso, de Palerme, et le P. Lafont, de Calcutta.

On avait choisi pour lieu d'observation la ville de Muddapur, au Bengale. L'expédition s'embarqua à Venise le 16 octobre, arriva le 22 à Alexandrie, le 11 novembre à Bombay et le 15 à Muddapur. Avant de partir, on avait observé l'éclipse partielle du Soleil du 10 octobre, et en arrivant on s'empressa de réinstaller les instruments et de s'exercer à des observations astronomiques et spectroscopiques. Dans la nuit qui précéda le passage, les observateurs veillèrent, inquiets des vicissitudes de l'amosphère et des nuages qui obscurcissaient une partie du ciel. Après minuit, l'orient était couvert de cirrhi assez épais. A 6 heures du matin les astronomes étaient à leur poste, immobiles, silencieux, attendant l'apparition du Soleil dans une éclaircie. Au moment du premier contact, on ne put l'observer que par la méthode ordinaire, sans avoir pu utiliser les préparatifs faits depuis plus d'une année pour voir arriver Vénus sur la photosphère solaire : le Soleil resta voilé jusqu'après le deuxième contact. Mais bientôt les conditions météorologiques devinrent plus favorables, et l'on put avoir une image nette du disque solaire ainsi que de la planète. Les troisième et quatrième contacts furent observés dans de bonnes conditions, tant par la méthode ordinaire qu'au spectroscope.

J'ai sous les yeux les rapports de tous ces observateurs, publiés dès 1875 par les soins du chef de l'expédition [1]. Sans entrer dans les nombreux détails qu'ils contiennent, signalons les faits essentiels, et commençons par la manifestation de l'*atmosphère de Vénus* au spectroscope de M. Tacchini.

Comme nous l'avions prévu, les expéditions envoyées pour l'observation du passage de Vénus ont trouvé, en dehors du but spécial de leur mission, des résultats imprévus, étrangers à ce but, et tout à fait inattendus.

Parmi ces résultats, l'un des plus intéressants est sans contredit la vérification de l'existence de l'atmosphère de Vénus, sa constatation définitive et son analyse spectrale. Arrêtons-nous un instant sur ce point capital, qui apporte un témoignage nouveau et précieux en faveur de la vérité de notre doctrine de la Pluralité des mondes habités. Après la planète Mars, démontrée aujourd'hui habitable comme la Terre, voici maintenant Vénus, plus difficile à observer, mais examinée heureusement dans des circonstances spéciales, qui viennent de faire avancer rapidement notre connaissance sur son état physique.

La première relation des observateurs du passage de Vénus qui ait été relative à l'atmosphère de cette planète est précisément celle de l'astronome italien

(1) *Il passagio del Venere sul Sole, relazione di Tacchini*, Palermo, 1875.

Tacchini. Dans une lettre écrite, le lendemain même du passage de Vénus, au Ministre de l'Instruction publique d'Italie, le savant observateur exposait le fait en des termes que je citerai d'abord textuellement avant de les traduire :

« Prima del terzo contatto, dit-il, in un intervallo di cielo purissimo, examinai lo spettro del Sole in vicinenza della magnifica banda oscura di Venere, e trovai che in tutto restava normale all' infuori di due posizioni, nelle quali, dopo passata la banda della pianeta, si vedeva ancora un lieggero offuscamento in due posti del rosso, che corrispondano alle bande nere della nostra atmosfera : il fenomeno dunque sembrerebbe dovuto alla presenza dell' atmosfera di Venere, probabilmente del genere della nostra. »

Telle est l'observation spectroscopique capitale des astronomes italiens :

« Avant le troisième contact, dans un moment de ciel pur, j'ai examiné, dit Tacchini, le spectre du Soleil dans le voisinage de la magnifique bande obscure formée par Vénus, et j'ai trouvé qu'il était resté partout à l'état normal, à l'exception de deux positions, dans lesquelles, après le passage de la bande de la planète, on voyait un léger obscurcissement en deux points du rouge, correspondant aux bandes noires de notre atmosphère : le phénomène paraît donc dû *à la présence de l'atmosphère de Vénus, probablement de la même nature que la nôtre.* »

Spécialement versés dans l'étude de l'analyse spectrale du Soleil, et habitués depuis plusieurs années à faire journellement cette analyse, les astronomes italiens avaient surtout pour but d'appliquer le spectroscope à l'observation du passage de Vénus. Dans cette observation, ils ont inopinément non pas *vu* dans une lunette, mais *constaté* au spectroscope l'existence de l'atmosphère de cette planète voisine, et une analogie chimique avec celle que nous respirons.

Pendant que cette remarque se faisait au Bengale, il se passait au Japon, à 1000 lieues de là, un fait bien différent du précédent, mais qui le confirme singulièrement. A Saïgon, les astronomes de la mission n'observaient pas au spectroscope, mais dans dès lunettes ordinaires. Or n'avons-nous pas déjà remarqué précédemment (*voir* p. 91) que, s'ils n'ont pas constaté de la même façon l'action de l'atmosphère de Vénus sur la lumière solaire, ils l'ont *vue* elle-même, cette atmosphère, directement et dans une circonstance également inattendue. Voici en effet la relation de M. Héraud :

« ... A $21^h 17^m$, la planète étant déjà entrée de plus des deux tiers sur le disque du Soleil, je remarque que la partie extérieure de son limbe est nettement indiquée par un filet lumineux pâle qui, réuni aux franges de l'image intérieure, forme un rond parfait. Ne m'attendant pas à ce phénomène, je ne puis noter l'instant précis de son apparition... »

Quel était ce filet lumineux environnant la planète et dessinant sur le ciel, à côté du Soleil, la partie de la planète qui n'était pas entrée sur le Soleil ? C'était l'atmosphère de Vénus elle-même, éclairée par le Soleil, et réfractant vers nous la lumière de l'astre du jour. C'est *la seule* explication possible du phénomène.

Le fait était observé également à Saïgon, par un autre observateur, M. Bonifay, dont voici la relation :

« A $21^h 17^m$ (le moment n'est pas plus précis que dans l'observation précédente), le contour de Vénus extérieur au disque solaire s'illumine légèrement, à commencer par le bas de l'image, qui reste constamment plus visible que le haut. La circonférence planétaire paraît ainsi complétée d'une manière très-visible sur le ciel par cet arc lumineux, qui semble la continuer exactement. Cet effet subsiste quand la planète avance. Quand le moment du contact approche, on continue à voir le bord de la planète, qui reste légèrement lumineux... »

Remarque curieuse, ce phénomène de l'illumination du contour de Vénus ne s'est pas reproduit à la sortie de la planète. Les deux observateurs précédents, croyant le voir se renouveler, le cherchèrent en vain. A quelle cause cette différence est-elle due ? L'atmosphère de Vénus n'était-elle pas également transparente sur le méridien oriental et sur le méridien occidental ? Était-elle pure dans le premier cas (réfraction visible) et chargée de nuages dans le second ? ou bien la différence n'est-elle due qu'à l'obliquité plus grande des rayons solaires relativement aux observateurs ?

Mais ce n'est pas tout. Pendant que les astronomes italiens installés au Bengale et les astronomes français installés au Japon confirmaient ainsi l'existence de l'atmosphère de Vénus, une constatation analogue était faite en Égypte par les astronomes anglais. A Luxor, entre autres, l'amiral Ommanney, le colonel Campbell et Mme Campbell avaient chacun leur télescope. Je citerai aussi textuellement ici le passage du rapport de l'amiral qui concerne le sujet qui nous occupe :

« Immediately after the internal contact for egress, a remarkable phenomenon presented itself : that portion of Venus which had emerged from the Suns's limb became illuminated with a withe border, which light continued on the edge of the cusp of Venus, with great clearness, until the time when a half of the planet had crossed the Sun's limb ; then the light diminished and disappeared about seven minutes before the last external contact. »

Traduisons ce passage :

« Immédiatement après le contact interne pour la sortie, un phénomène remarquable se présenta. La portion du disque de Vénus qui était sortie du bord du Soleil s'illumina d'une bordure blanche, qui resta visible et très-lumineuse sur tout le contour de Vénus jusqu'au moment où la moitié de la planète fut sortie. Alors la lumière diminua, et elle disparut environ sept minutes avant le dernier contact externe. »

Ainsi, dans ce cas, l'observation a été faite, non avant l'entrée, comme à Saïgon, mais après la sortie. L'entrée était, du reste, invisible en Égypte. Pourquoi l'illumination de l'atmosphère de Vénus par le Soleil, vue à la sortie par les astronomes de Luxor, n'a-t-elle pas été vue par ceux de Saïgon ? La cause doit être non astronomique, mais terrestre, et tenir à l'état de l'atmosphère à Saïgon à l'heure de la sortie.

En outre de ces trois observations différentes sur l'atmosphère de Vénus, on trouve une quatrième remarque, un peu moins directe, dans un Rapport postérieur, dans celui de M. Janssen, établi à Nagasaki (Japon). Lorsque la planète arriva en contact avec le Soleil, l'image de Vénus se montra très-ronde, bien terminée, et la marche relative du disque de la planète par rapport au disque solaire s'exécuta géométriquement, sans aucune apparence de ligament ni de goutte. Mais il s'écoula un temps assez long entre le moment où le disque de Vénus paraissait tangent intérieurement au disque du Soleil et celui de l'apparition du filet lumineux qui devait se montrer au moment où Vénus, étant tout à fait entrée, quitte le bord du Soleil pour traverser l'astre. « Il y a là, dit M. Janssen (*Comptes rendus* du 8 février), une anomalie apparente qu pour moi *tient à la présence de l'atmosphère de la planète.* »

Une photographie, prise au moment même où le contact paraissait géométrique, montre qu'en réalité le contact réel n'avait pas encore lieu à ce moment. Le fait est facile à expliquer si l'on suppose que les couches inférieures de l'atmosphère de Vénus étaient plus ou moins chargées de brouillards ou de nuages formant écran. Dans une atmosphère pure même, la réfraction seule peut produire des différences analogues.

Les observateurs de l'île Saint-Paul ont fait la même remarque sur l'illumination du contour de Vénus en dehors du Soleil (*voir* plus haut, p. 102).

Il en a été de même à Pékin, comme nous l'avons vu tout à l'heure (p. 150). A Windsor, Nouvelles-Galles du Sud (*Astronomische Nachrichten*, 2027), on vit très-nettement le bord de Vénus s'illuminer après la sortie, *surtout au nord*. En Australie ce même détail de la zone polaire boréale a été remarqué.

Et l'on ne peut supposer que cette visibilité ait été là en quelque sorte un phénomène subjectif dû à l'œil des observateurs, car il a été enregistré par la Photographie. Ainsi, à Manille, il a été pris dix photographies, sur lesquelles on voit très-distinctement et très-nettement la partie du disque de Vénus située en dehors du Soleil, tant pendant l'entrée que pendant la sortie (*Monthly Notices*, décembre 1875). Cette partie est notablement plus noire que le fond du ciel environnant.

Ainsi voilà définitivement l'atmosphère de Vénus prouvée par l'observation même pendant le passage. Déjà nous savions que ce monde est environné d'une atmosphère, car la ligne de démarcation entre son hémisphère obscur et son hémisphère éclairé n'est pas nette et tranchée comme dans la Lune, mais à demi éclairée par une pénombre, qui pour nous est l'indice évident de la présence de l'atmosphère, produisant l'aurore et le crépuscule sur les méridiens pour lesquels le soleil se lève et se couche. Nous distinguions donc déjà l'aube et le déclin du jour sur cette terre céleste, sœur de la nôtre, dont les journées sont de $23^h\ 21^m$, presque de même durée que les nôtres. Mais ces faits nouveaux en sont une confirmation et une vérification précieuse pour l'Astronomie physique.

Cette atmosphère est-elle composée d'oxygène, d'azote, de vapeur d'eau et d'acide carbonique, comme celle qui nous fait vivre ? Nous savons déjà que M. Tacchini a trouvé dans son spectre des caractères rappelant ceux du spectre de l'atmosphère terrestre. Cette analogie a été confirmée par des expériences directes faites en Allemagne par M. Vogel. Cet astronome, observant Vénus au spectroscope, y a trouvé les mêmes raies d'absorption que dans notre atmosphère terrestre.

« Les modifications apportées par cette atmosphère au spectre solaire étant très-faibles, dit-il (*Naturforscher*, VII, 36), il faut en conclure que les rayons solaires qui nous sont renvoyés par Vénus sont réfléchis pour la plupart à la surface de la couche de nuages qui l'enveloppe, sans presque pénétrer à l'intérieur. Les raies de ce spectre provenant en grande partie de la vapeur d'eau, on peut admettre comme très-probable que l'atmosphère de Vénus renferme de l'eau, cet élément si indispensable à la vie. »

A toutes ces constatations ajoutons l'observation faite en Amérique, par le professeur C.-S. Lyman, de Vénus *sous la forme d'un anneau lumineux.*

Déjà au moment de la conjonction inférieure de Vénus en 1866, l'auteur était parvenu à voir la planète sous la forme d'un anneau lumineux très-mince ; il avait suivi attentivement et de jour en jour son croissant à mesure qu'elle s'était approchée du Soleil, et avait constaté que les deux extrémités de ce croissant s'étaient allongées et étendues graduellement au delà d'un demi-cercle, puis avaient atteint trois quarts de cercle, et *avaient fini par se rencontrer* et former un anneau lumineux.

Aucune occasion ne s'était présentée depuis pour répéter ces observations, jusqu'au jour du passage de

Vénus. Le 8 décembre 1874, Vénus étant de nouveau à une très-grande proximité du Soleil, l'auteur a réussi à découvrir l'anneau argenté délicat qui enveloppait son disque, même lorsque la planète n'était éloignée du bord du Soleil que d'un demi-diamètre de celui-ci. C'était à 4 heures du soir, ou un peu moins de 5 heures avant le commencement du passage. La partie de l'anneau la plus proche du Soleil était la plus brillante. Sur le côté opposé, le filet de lumière était plus terne et d'une teinte légèrement jaunâtre. Sur le bord, au nord de la planète, à 60 ou 80 degrés du point opposé au Soleil, l'anneau dans un petit espace était plus faible et, en apparence, plus étroit qu'ailleurs. Une apparence semblable, mais plus marquée, avait été observée sur le même limbe en 1866.

Le lendemain du passage (10 décembre), le croissant de Vénus s'étendait à plus des trois quarts d'un cercle : on le voyait avec une netteté parfaite dans l'équatorial. Ce jour-là et les deux suivants, des mesures ont été prises au micromètre pour déterminer l'étendue des cornes et la réfraction horizontale de l'atmosphère qui la produit. Voici les résultats de ces observations; chacun d'eux est la moyenne du nombre des mesures séparées indiqué dans la dernière colonne.

Dates.		Distances des centres de la Terre et de Vénus.	Étendue du croissant.	Réfraction horizontale de l'atm. de Vénus.	Nombre des observat. des cornes
	h m	° ′	° ′		
8 déc. à	3. 0 s.	0.30,6	360		
10 »	11.36 m.	2.31,7	279.28	46′,6	4
11 »	10.16 id.	4. 2,5	233.15	43,0	6
11 »	2.40 s.	4.20,4	231.46	45,5	15
12 »	2,45 id.	5.58,3	215.21	42,9	22
			Moyenne....	44,5	

Ces observations donnent une moyenne de 44′,5 pour la réfraction horizontale de l'atmosphère de Vénus. Les observations de l'auteur, en 1866, avaient donné 45′,3.

Les premières recherches de ce genre avaient été faites par Schröter. Le 12 août 1790, il avait trouvé les cornes prolongées au delà de leur limite géométrique, et en avait conclu l'existence d'une atmosphère un peu moins réfractrice que la nôtre. Mais ce n'était là qu'un aperçu. Plus d'un demi-siècle après, au mois de mai 1849, Mädler prit une série de mesures très-précises, et trouva que les cornes du croissant s'allongeaient jusqu'à 200 et même 240 degrés, au lieu du demi-cercle ou de 180 degrés, limite géométrique de l'hémisphère éclairé. Il en avait conclu 43′,7 (¹).

En appliquant à ces mesures la correction du supplément de l'angle (que les auteurs n'ont pas faite), on

(¹) Voici la formule pour calculer cette réfraction.

Soit

c l'étendue observée du Croissant ;

d la distance angulaire de ♀ ou ☉ au moment de l'observation ;

trouve que la réfraction horizontale de l'atmosphère de Vénus doit être élevée au chiffre de 54 minutes. Celle de l'atmosphère terrestre étant de 33 minutes, il en résulte que la densité de l'atmosphère de Vénus, à la surface de cette planète, est représentée par le nombre 1,89, en désignant par 1,00 celle de notre atmosphère.

L'atmosphère de Vénus est donc presque deux fois plus dense que la nôtre. La réfraction de l'atmosphère qui, pour nous, élève le disque du Soleil au-dessus de l'horizon, tandis qu'il est encore au-dessous, et qui élève tous les astres au-dessus de leur position réelle, est encore plus grande sur Vénus qu'ici, et y allonge un peu plus la durée du jour. Nous avons vu plus haut que sa hauteur a été évaluée à 88 kilomètres par M. Watson, d'après son observation du passage de Vénus.

L'air que l'on respire sur ce monde n'est sans doute pas très-différent, physiquement et chimiquement, de celui que nous respirons. Il est de plus imprégné, comme le nôtre, de vapeur d'eau, et les variations de température y produisent des nuages, des courants atmosphériques, des vents, des pluies, en un mot un régime météorologique offrant de grandes analogies avec le nôtre.

C'est ainsi que les progrès des sciences concourent à rendre de plus en plus certaines les probabilités phi-

s le demi-diamètre du ⊙ en minutes d'arc;
r le rayon vecteur de la planète.

On a

$$\text{Réfr. hor.} = \tfrac{1}{2}\left[\text{arc sin } d \sin \tfrac{1}{2}(C - 180^\circ) - \frac{s}{r}\right].$$

losophiques qui n'étaient fondées naguère que sur la logique et sur l'étude générale de la nature.

Ces résultats importants obtenus pour la connaissance de l'atmosphère de Vénus nous ont attardé dans une dissertation qui nous a fait oublier le Bengale et la mission italienne. L'observation spectroscopique était d'ailleurs le caractère spécial de la mission italienne. Mais, en dehors de cette observation, faite par MM. Tacchini et Abetti, les rapports de MM. Dorna, Lafont et Morso sur les contacts observés à la méthode ordinaire ont donné des heures précises destinées à être appliquées à la détermination de la parallaxe. Le P. Lafont a remarqué après le troisième contact que le contour du disque de Vénus resta dessiné en dehors du Soleil par un léger filet blanchâtre pendant six à sept minutes. C'est le troisième contact qui présente le plus grand accord entre les observations; c'est même, à vrai dire, le seul qui offre une concordance rigoureuse. Le diamètre solaire conclu de l'observation spectroscopique a été trouvé plus petit que celui qui est observé à la manière ordinaire. Le phénomène de la goutte noire n'a pas été remarqué.

On voit que la mission italienne a apporté sa bonne part à l'ensemble des résultats relatifs à l'observation du passage.

Les Allemands avaient envoyé des expéditions à Ispahan (Perse), à Thèbes (Égypte), aux îles Auckland, Kerguelen et Maurice, en Nouvelle-Zélande et à Cheefoo, en Chine.

Aucune des nombreuses expéditions qui sont allées

observer le passage n'avait à transporter si loin dans l'intérieur des terres des instruments aussi délicats avec leurs lourds supports de fer que l'expédition allemande en Perse. Cette expédition avait emporté en effet deux cents caisses, dont chacune pesait en moyenne 200 kilogrammes.

Après un long voyage sur des bâtiments à vapeur et en chemin de fer, les membres de cette expédition eurent encore à parcourir 120 milles avant d'atteindre Ispahan, le but de leur voyage. Ils placèrent tout leur matériel à dos de mulets et montèrent eux-mêmes en selle.

Ceux qui ont eu l'occasion de réunir des observations sur ces pays savent que la réalité est loin de correspondre à l'idée trop avantageuse que l'on s'en est formée, en souvenir des contes des *Mille et une Nuits.*

En Perse, le voyageur a de toutes parts l'image de la ruine et de la décadence. Cette nation a conservé de l'antiquité un usage qui la distingue entre toutes les autres nations, c'est celui des caravanes. C'est le seul mode de transport qui y soit employé, et l'on y chercherait inutilement des voitures de transport.

Pour arriver à Ispahan, les voyageurs durent longer la côte de Gilan, à travers des forêts de noyers sauvages et de platanes. Chaque mulet avait régulièrement deux caisses disposées de chaque côté du bât. Pour les caisses trop lourdes, on avait attaché deux mulets à une sorte de civière. On eut souvent à traverser des plaines et des montagnes encombrées de pierres et de broussailles. Les mulets, habitués à vaincre de semblables difficultés, marchaient facilement sur le penchant des collines escarpées.

Les nombreux habitants qui se pressaient sur le passage de la caravane étaient revêtus des costumes les plus disparates, rappelant les origines diverses, les invasions successives.

Le schah de Perse reçut avec le plus vif intérêt les membres de l'expédition, qui allèrent établir leur observatoire à Bagh-i-Zeresch, à quelques milles d'Ispahan. De là on découvrait les environs d'Ispahan, avec leurs milliers de jardins, leurs somptueuses villas, les minarets aux flèches élancées et multicolores. Les mosquées sont décorées de bandes bleues et blanches sur lesquelles on a peint en jaune des arabesques et des emblèmes. Leurs dômes sont recouverts de feuilles d'or.

En Perse, on avait le Soleil couché à l'entrée de Vénus sur le Soleil, mais la sortie devait être visible le matin, quelque temps après le lever du Soleil. Le mauvais temps a empêché d'observer les contacts. Néanmoins, à travers des éclaircies, les observateurs ont réussi à prendre dix-neuf photographies du Soleil représentant le petit disque de Vénus avançant peu à peu vers la sortie.

A Thèbes également, comme nous l'avons vu en examinant les résultats des observations anglaises, la sortie seule était visible. Nous avons vu également que les astronomes allemands, Auwers et Dollen, ont observé la seconde moitié du passage en même temps que les astronomes anglais, et que le ciel favorisa complétement cette station égyptienne.

L'expédition des îles Auckland avait pour chef le Dr Seeliger. Il paraît que le mauvais temps est l'état météorologique habituel. Les beaux soirs sont très-rares, et l'on n'y connaît presque pas le pur éclat du Soleil.

Le 9 décembre, à midi 45 minutes, Vénus apparut sur le disque solaire, mais au bout de quelques minutes les nuages revinrent tout cacher. Parfois, en enlevant les verres noircis, on parvenait à distinguer, à travers le nuage, le disque solaire et Vénus comme une petite tache noire, tout à fait entrée. Les deux premiers contacts furent donc entièrement manqués pour l'observation.

Mais voici que le Soleil perce les nuages, et que le ciel s'éclaircit juste pour permettre l'observation, en restant couvert à l'est et à l'ouest, et partout ailleurs. Les observateurs s'empressèrent de se réinstaller aux instruments, et le Soleil resta découvert pendant quatre heures entières.

Il fut donc possible d'observer la suite du passage, et les deux derniers contacts purent être notés avec la plus grande précision. Puis, comme par un fait exprès, à peine les mesures furent-elles terminées, à peine la planète fut-elle sortie du Soleil, que les nuages revinrent cacher l'astre du jour, et que le temps redevint aussi mauvais que le matin et la veille. L'observateur allemand aurait certes pu s'imaginer aussi, comme d'autres astronomes cités plus haut (et c'est bien naturel, vu la naïveté humaine), que la Providence avait abaissé ses regards vers lui pour faire une exception en sa faveur.

Sans nous attarder davantage en de plus longs détails, résumons en une seule liste les principales stations dont nous avons parlé, et, en général, celles d'où le passage a pu être utilement observé. Nous examinerons plus loin les chiffres obtenus pour la détermination de la parallaxe. La dernière colonne de cette liste indique la phase observée, la méthode d'observation, au micromètre ou à l'héliomètre, et le nombre de mesures prises ou de photographies faites à la méthode ordinaire, ou de plaques obtenues par l'appareil Janssen.

Stations.	Observateurs.	Phase. — Résultats.
	Australie.	
Terre Adélaïde.	Anglais.	Sortie. 60 mesures micr.
Melbourne.....	»	Entr. et sort. 200 phot. et 44 mesures.
Sydney.........	»	Entr. et sort. 180 phot. 560 plaques.
Windsor.......	»	Entrée et sortie.
Cap de Bonne-Espérance....	»	Sortie. 14 photographies.
	Chine.	
Pékin..........	Français.	Entrée et sortie. 60 phot.
Pékin..........	*Américains.*	Entrée et sortie. 90 phot.
Tschifuou Cheefoo.	Allemands.	Entr. et sort. Mes. à l'héliomètre et photograph.
Ceylan, Colombo	Anglais.	Entr. et sort. Mes. micr.
	Égypte.	
Le Caire...... ..	Anglais.	Sortie. Mes. au micr.
Gondokoro.....	»	Sortie.
Suez...........	»	Sortie. Mes. au micr.

Égypte (suite).

Stations.	Observateurs.	Phase. — Résultats.
Thèbes	Russes.	Sortie ; photographies.
Thèbes	Allemands.	Sortie ; phot. Mes. hél.
Thèbes	Anglais.	Sortie ; 35 phot. Mes., 120 plaq.

Iles.

Auckland	Allemands.	Sortie. Mes. hél. phot.
Chatham... ...	Américains.	8 phot.
Hawaï	Anglais.	Entr. 60 phot. Mes. micr.
Kerguelen......	Anglais.	Entrée, sortie ; 13 phot.
Kerguelen......	Allemands.	Entrée, sortie ; phot.
Kerguelen......	Américains.	26 photographies.
Maurice........	Allemands.	Sortie. Mes. hél. phot.
Maurice........	L. Lindsay.	Sort. Mes. hél. ; 100 phot.
Maurice........	Anglais.	Entrée et sortie.
Nouvelle-Calédonie........	Français.	Entrée ; 100 phot.
Rodrigues......	Anglais.	Entré et sortie ; 58 phot. 10 mes. micr., 405 plaq.
Saint-Paul.....	Français.	Entrée et sortie ; 500 phot.

Indes.

Bushire........	Anglais.	Entrée et sortie.
Calcutta	Anglais.	Entrée et sortie.
Muddapur	Italiens.	Entrée et sortie.
Roorkee	Anglais.	Entr. et sort. ; 100 phot. Mes. micr., 120 plaq.

Japon.

Stations.	Observateurs.	Phase. — Résultats.
Kobé ou Hiogo .	Français.	Entrée et sortie ; phot.
Nagasaki.......	Américains.	Entrée et sortie; 60 phot.
Nagasaki.......	Français.	Entr. et sort. Mes. micr., phot. plaques.
Yokohama.... .	Russes.	Entr. et sort. ; phot.
Yokohama	Mexicains.	Entr. et sort. ; 100 phot.

Nouvelle-Zélande.

Bluff Harbour ..	Allemands.	Entrée ; photographies.
Christchurch...	Anglais.	Entrée; 9 phot. Mes. micr.
Queenstown....	Américains.	Entrée; 59 phot.

Perse.

Ispahan.... ...	Allemands.	Sortie; 19 phot.
Téhéran	Russes.	Sortie; phot.

Russie.

Habarowka.....	Russes.	Entrée. Mes. micr.
Jassy (Moldavie)	Allemands.	Sortie. Mes. micr.
Jalta	Russes.	Sortie. Mes. micr.
Kiachta........	»	Entrée et sortie; 8 phot.
Nertschinsk . ..	»	Entrée et sortie. Mes. hél.
Orianda	»	Sortie. Mes. hél.
Port Possuet...	»	Entrée et sortie ; 38 phot.
Tschita	»	Entrée et sortie. Mes. hél.
Wladiwostok...	»	Sortie. Mes. micr.
Wladiwostok...	Américains.	Entrée et sortie; 13 phot.

Tasmanie.

Campbell-Town.	Américains.	Sortie; 55 phot.
Hobart-Town...	»	Sortie; 39 phot.

Telles ont été les stations favorisées par l'atmosphère pendant le passage de la planète. On voit que, si l'on a égard à la saison boréale, elles sont plus nombreuses que l'on n'aurait pu l'espérer. Je relève à ce propos sur mon registre d'observations, à la date du 10 décembre, 4 heures du soir :

« Si le passage de Vénus avait été visible à Paris, ayant lieu quelques heures plus tôt ou plus tard, on n'aurait pas pu l'observer à cause du mauvais temps.

» Le Soleil a été visible à son lever, le 8, au matin, pendant une demi-heure seulement et à travers des brumes; puis le ciel s'est couvert pour toute la journée du 8.

» Violente tempête, ouragan et pluie pendant toute la nuit du 8 au 9.

» Le 9, pluie toute la journée.

» Le 10, soleil le matin et dans la journée par éclaircies. »

Notons aussi, en passant, une autre circonstance plus curieuse : c'est que la nouvelle Lune a eu lieu précisément le 8 décembre, à $11^h 57^m$ du soir (temps moyen de Paris), et que l'entrée de Vénus a eu lieu à $13^h 56^m$, c'est-à-dire seulement deux heures plus tard. Il s'en est fallu de fort peu que le Soleil n'eût été éclipsé précisément à l'une des phases du passage. Les centres des deux astres avaient les coordonnées suivantes à minuit :

	Æ	Ⓓ
	h m s	° ′ ″
☉	17.2.35	— 22.48. 2
☾	17.0.18	— 26.44.42

La Lune est passée à moins de 4 degrés au sud du Soleil. Elle avait éclipsé le Soleil le 10 octobre, occulté Vénus le 14 et s'était éclipsée elle-même le 25. (*Voir* l'observation que j'ai faite de ces trois faits, t. VII, p. 117.)

Remarque singulière, une coïncidence analogue s'est présentée lors du passage de 1769 : il s'en est peu fallu qu'il ne fût éclipsé par la Lune. L'entrée de Vénus sur le Soleil est arrivée une heure environ avant le coucher du Soleil, à Paris, et le Soleil fut éclipsé environ deux heures après son lever le lendemain matin. Quelques heures plus tôt, et la phase du passage visible en France et en Angleterre eût été masquée par l'écran lunaire !

IX.

DISCUSSION DES OBSERVATIONS.

L'observation précise du passage du disque de Vénus sur le Soleil et surtout la détermination rigoureuse de l'instant des contacts ne sont pas aussi faciles ni aussi absolues que la considération purement géométrique du phénomène pourrait le faire supposer. Il se présente des effets d'optique de différents genres, qu'il importe d'abord d'éliminer avant de tirer de l'observation le chiffre cherché de la parallaxe du Soleil.

Je me souviens qu'en 1868, observant le passage de Mercure devant le Soleil (*voir* t. III, p. 199), j'ai été surpris de la difficulté qu'on éprouve à noter exactement l'instant précis des contacts. Voici ce que j'écrivais :

« C'est vers $9^h 9^m 30^s$ que la planète arriva en contact interne avec le limbe lumineux du Soleil et commença sa sortie. Nous ne donnons pas cet instant comme rigoureusement déterminé, et surtout nous nous gardons bien d'inscrire des dixièmes de seconde, car l'observation soigneuse de ce phénomène, de même que celle du contact externe, nous a convaincu qu'il est absolument impossible d'être sûr de l'instant précis de l'un ou de l'autre contact, à moins de *plusieurs secondes* près. L'esprit hésite pendant longtemps avant d'être bien assuré que le disque solaire est entamé ou que l'échancrure persiste encore.

» C'est vers $9^h 11^m 50^s$ que la planète cessa d'échancrer le limbe solaire et parut tout à fait sortie.

» Ces heures sont corrigées de la réfraction et de l'effet de la parallaxe pour Paris. »

L'instrument dont je me servais était une excellente lunette que mon ami regretté Secretan m'avait faite avec beaucoup de soin, et dont l'objectif mesure 108 millimètres (4 pouces) d'ouverture.

La divergence des résultats obtenus, les apparences singulières vues au moment du contact intérieur par plusieurs observateurs, tandis que d'autres constataient un phénomène d'une pureté géométrique, ont appelé l'attention des astronomes sur les conditions d'une bonne observation des passages, en éveillant des craintes très-fondées sur les résultats qui se pourraient déduire de l'observation des contacts de Vénus.

Le fait capital et complétement inattendu qui ressort de la comparaison des résultats obtenus en Europe lors de l'observation du passage de Mercure, le 4 novembre 1868, est la divergence des temps observés des contacts.

Les temps notés pour l'époque du contact intérieur varient de douze à cinquante-six secondes. Parmi ces nombres, cinq seulement, obtenus par MM. Le Verrier, Terquem, Rayet, Tremeschini et Lynn, concordent avec celui qu'indiquaient les Tables de Mercure et du Soleil de M. Le Verrier ($21^h 9^m 19^s,2$). Tous les autres sont plus forts, à l'exception de quatre. Les 62 observations se partagent comme il suit :

	4	entre $9^h 9^m 10^s$ et	$9^h 9^m 15^s$
	5	» 15 et	20
	4	» 20 et	25
	17	» 25 et	30
	19	» 30 et	35
	4	» 35 et	40
	9	au-dessus de 40	
Total....	62		

La grandeur des nombres ne présente d'ailleurs aucune liaison évidente ni avec l'ouverture, ni avec le grossissement de la lunette employée. Ainsi les nombres compris entre 30 et 35 ont été obtenus avec des objectifs de 24 centimètres d'ouverture et avec d'autres de 28 millimètres, armés de grossissements variant de 36 à 320 fois.

On se trouvait donc, malgré les progrès des instruments et des méthodes d'observation, en face de divergences aussi considérables que celles qui se sont présentées au siècle dernier dans les observations du passage de Vénus. Quelle est la cause de ces divergences, quels sont, parmi les résultats obtenus, ceux qui s'approchent le plus de l'instant du contact réel? C'est le problème que MM. Wolf et André, astronomes de l'Observatoire de Paris, ont cherché à résoudre, dans un travail présenté à l'Académie le 1er mars 1869. Nous allons résumer les points importants de ce travail.

On a cherché la cause du désaccord sur l'appréciation du moment du contact dans l'indétermination du bord du Soleil et du bord de la planète. En effet, ces divergences, exprimées en arc, ne correspondent qu'à trois secondes environ, et les mesures du diamètre du Soleil effectuées par les divers observateurs présentent des différences au moins égales, que ce diamètre soit obtenu par la durée du passage aux fils de la lunette méridienne ou par les mesures micrométriques au cercle mural.

« Les discordances qui existent entre les diamètres du Soleil, conclus des observations de divers astronomes, s'élèvent, dit M. Le Verrier, jusqu'à un quart de seconde de temps » (*Annales de l'Observatoire*, t. IV des *Mémoires*, p. 69). Elles suffiraient amplement à expliquer les différences relatives aux passages de Mercure et de Vénus.

Mais peut-on admettre qu'une erreur personnelle, analogue à celle qui se manifeste dans les observations de passages, affecte l'estime du temps du contact de Vénus ou de Mercure avec le bord du Soleil? Si les circonstances physiques du phénomène restaient les mêmes pour les divers observateurs, il serait bien difficile de le croire. Les expériences de Bessel ont fait voir que l'erreur personnelle, même considérable, dans les observations de passages, s'annule dans l'estime de l'époque d'un phénomène instantané, comme serait la disparition du filet lumineux au bord de la planète, si le contact avait lieu avec une simplicité géométrique.

D'autre part, l'observation des moments des contacts intérieurs dans les éclipses totales de Soleil a montré des divergences considérables. La disparition et la réapparition du bord du Soleil peuvent donner lieu à des appréciations différant de douze secondes de temps. Au moment du troisième contact par exemple, les observateurs voient apparaître successivement d'abord l'atmosphère solaire, région des nuages roses et des protubérances, puis le bord du disque lumineux lui-même. Les appréciations différentes se rapportent donc à deux phénomènes physiques bien distincts.

Est-il possible qu'un observateur note comme un moment du contact de Mercure ou de Vénus celui où la planète vient toucher la limite extérieure de l'atmosphère solaire? Il faudrait que la lumière de cette auréole fût visible à travers les verres noirs ou la couche d'argent qui protégent l'œil contre les rayons de l'astre lumineux, et c'est ce qui n'est point; autrement, on retrouverait des différences de près de deux secondes de temps dans les durées du passage du Soleil aux instruments méridiens, et, dans le dernier passage de Mercure, le désaccord aurait pu s'élever à deux ou trois minutes.

Il est certain cependant que les mesures effectuées du diamètre de Mercure ont donné, le 4 novembre 1868, des valeurs notablement différentes, de 9″,95 (Copeland) à 6″,84 (O. Struve).

Le phénomène physique observé n'a pas été le même pour les différents observateurs. Les observations antérieures des passages de Mercure et de Vénus ont présenté des différences de même ordre de grandeur dans l'estime du temps des contacts.

L'explication généralement admise depuis Lalande est fondée sur l'irradiation. « Le ligament noir qui relie le bord de Vénus à celui du Soleil aux moments des contacts intérieurs n'est, dit M. Powalky (Additions à la *Connaissance des Temps* pour 1867, p. 25), qu'une conséquence de l'irradiation. La forte lumière émise par le Soleil produit sur la rétine l'effet de nous montrer le disque solaire plus grand qu'il ne l'est en réalité. Ce disque paraît entouré d'un anneau d'une intensité égale offrant une largeur plus ou moins considérable suivant la bonté des instruments, mais ne disparaissant pas même dans les meilleurs. » Pour M. Powalky, le moment du *contact réel* des deux disques vrais du Soleil et de la planète est celui de la disparition ou de l'apparition du ligament obscur. Au moment du *contact apparent*, les deux disques sont séparés en réalité par le double de l'irradiation.

M. Stone, dans son Mémoire sur la discussion du passage de Vénus de 1769, attribue également à l'irradiation l'apparition du ligament noir. Pour lui aussi, le moment de la formation de ce ligament marque l'instant où s'opère le contact réel. En effet, à l'instant où la distance réelle des bords devient nulle, l'effet de l'irradiation s'anéantit brusquement au point du contact, tandis qu'il subsiste pour le reste des contours ; la planète présente donc en ce point une protubérance noire, le Soleil une entaille obscure, dont la réunion forme le ligament.

Remarquons, en passant, que cette théorie de la formation du ligament noir, en vertu de l'irradiation, n'est pas rigoureusement exacte. En effet, étant donnés les contours de l'objet lumineux réel, c'est-à-dire le bord du Soleil et la circonférence de la planète en contact avec ce bord, il faut, pour en obtenir l'image affectée de l'irradiation, décrire, autour de chaque point de ces contours, comme centre, un petit cercle de rayon égal à l'irradiation; l'enveloppe extérieure de ces cercles trace les limites de l'image cherchée. On percevra donc de la lumière entre le disque apparent de la planète et le bord apparent du Soleil, jusqu'au moment où la corde commune des disques réels deviendra égale au double du rayon de l'irradiation. C'est à partir de cet instant seulement que le ligament doit apparaître ; d'où il suit que, dans l'hypothèse de l'irradiation, l'apparition du ligament noir ne marque pas rigoureusement l'instant du contact réel, mais lui est postérieur. Il faut ajouter cependant que, dans la réalité, ces deux phénomènes ne sont séparés que par un intervalle de temps extrêmement court. En effet, le bord du Soleil pouvant être considéré comme rectiligne dans la portion envahie par le disque de la planète, si l'on désigne par r le rayon du cercle d'irradiation et par R celui de la planète, la longueur de la flèche correspondant à une longueur $2r$ de la corde commune a pour expression

$$F = R - \sqrt{R^2 - r^2}.$$

Or, dans l'observation du passage de Mercure, du 4 novembre 1868, M. Stone et M. Dunkin ont remarqué que l'apparition du ligament noir a précédé d'environ quinze secondes le moment du contact apparent des disques. Dans l'hypothèse admise, l'arc correspondant à cet intervalle de temps, soit une seconde, représente donc le double du rayon du cercle d'irradiation ; R est d'ailleurs égal à cinq secondes environ; d'où l'on déduirait $f = 0'',03$, quantité inappréciable.

Mais l'irradiation existe-t-elle réellement? Déjà Bessel et Arago ont fait voir que dans les bonnes lunettes le diamètre apparent d'un disque est égal à son diamètre réel. MM. Wolf et André se sont assurés de ce fait par une expérience très-simple. Dans la couche d'étain d'une glace mince à faces parallèles on enlève un disque circulaire qu'on observe ensuite de loin avec une lunette. Si l'on éclaire l'ouverture par derrière avec une forte lampe, on voit un cercle brillant sur fond obscur et l'on peut amener un fil en contact avec le bord de l'image focale. Que l'on place la lampe en avant, l'ouverture paraît en noir sur la surface éclairée du miroir, et, si l'irradiation avait l'effet prétendu, le fil devrait être séparé du bord par une distance égale au double de l'irradiation. Quelle que soit l'intensité de la lumière, le fil et le bord restent en contact parfait.

La cause des phénomènes singuliers observés au moment des contacts doit donc être cherchée ailleurs. Les expériences que nous allons décrire ont fait voir que, dans les passages artificiels d'un disque noir sur un cercle lumineux, l'erreur d'observation du contact réel des bords peut être réduite à une fraction de seconde d'arc presque inappréciable. Sans doute, en vertu même des propriétés de l'agent lumineux, le diamètre d'un cercle brillant, vu dans une lunette, est augmenté de la demi-largeur des disques élémentaires qui représentent l'image d'un point; celui d'un cercle noir sur fond brillant est diminué de la même quantité; mais la théorie montre qu'il n'en résulte aucun effet appréciable pouvant altérer le moment du contact des deux disques.

Ces mêmes expériences démontrent que l'apparition du pont ou ligament obscur est un accident étranger au phénomène lui-même, dont la manifestation dépend des qualités de l'instrument employé à l'observation, et que, par conséquent, l'instant de cette apparition n'est pas, en général, celui du contact réel du bord de la planète avec le bord du Soleil.

Les expériences de passages artificiels ont été faites dans deux conditions différentes, les unes à grandes distances, les lunettes agissant par conséquent dans les circonstances normales, les autres dans une chambre obscure à l'aide d'un collimateur.

Dans le premier cas, la mire représentait le Soleil et la planète était installée au Luxembourg et les instruments d'observation à l'Observatoire. La distance des deux stations déduite des mesures prises par Arago est de 1300 mètres. A cette distance l'arc d'une seconde a pour longueur $6^{mm},3$.

Sur le chariot d'une machine à diviser donnant le $\frac{1}{200}$ de millimètre était fixé un disque métallique vertical qui, par le mouvement de la vis, pouvait être rapproché jusqu'au contact du bord rectiligne vertical d'un écran également en métal noirci fixé par l'intermédiaire d'un corps isolant au bâti de la machine. Derrière ce système, qui représentait la planète et le fond du ciel, sur lequel se projette le Soleil, était placé un réflecteur parabolique de 45 centimètres d'ouverture, éclairé par une lampe à modérateur. On avait mis devant ce réflecteur et en arrière des écrans un châssis tendu d'un papier translucide; le champ éclairé en devient plus uniforme et son éclat est encore très-vif. Vu de loin dans une lunette, cet ensemble figure une partie du Soleil limitée par le bord de l'écran rectiligne, sur laquelle passe la planète en se rapprochant de ce bord jusqu'au contact.

L'observation de ce contact se faisait de la manière suivante : M. André se trouvait au Luxembourg, accompagné de M. Tisserand; M. Wolf observait aux lunettes, accompagné de M. Rayet. Tous les préparatifs terminés, le premier faisait mouvoir lentement le disque vers le bord obscur rectiligne, avec une vitesse d'environ 1 millimètre par cinq secondes, jusqu'à ce qu'un signal, donné par l'occultation d'une lampe, lui indiquât que le contact avait lieu pour l'observateur à la lunette. Il lisait alors l'indication de la tête de vis de la machine à diviser, puis il continuait à tourner dans le même sens, jusqu'au contact réel des deux écrans métalliques; ce contact était signalé par la fermeture du courant d'une pile, dont l'un des pôles se reliait au disque circulaire et l'autre à l'écran rectiligne avec interposition d'un galvanomètre dans le circuit. L'excès de la lecture correspondant à ce contact réel sur la première donnait, en demi-centièmes de millimètre, l'erreur commise par l'observateur à la lunette, dans l'appréciation du contact.

De l'ensemble des résultats les observateurs ont déduit les conclusions suivantes :

1° Un instrument bien dépouillé d'aberration, et de 20 centimètres d'ouverture au moins, permet, par un temps calme, d'apprécier le contact sans erreur ou avec une erreur insignifiante.

2° L'erreur commise augmente rapidement quand l'ouverture diminue.

3° L'influence de l'observation se fait sentir par l'assombrissement du filet lumineux qui sépare le disque de l'écran rectiligne. L'erreur qui en résulte est d'autant plus grande que l'aberration est plus forte.

4° Cette influence peut contre-balancer et annuler l'effet de l'ouverture. Ainsi les objectifs de Merz donnent une erreur moindre qnand on réduit leur diamètre à 20 centimètres et même à 15 centimètres, que lorsqu'ils sont entièrement découverts.

5° Le grossissement de l'oculaire ne paraît avoir qu'une influence bien secondaire. Avec les petites ouvertures l'augmentation du grossissement est plutôt nuisible qu'utile.

6° L'erreur paraît être indépendante du diamètre du disque de la planète. Cependant quelques essais faits sur des disques de carton fixés à la même distance d'un écran rectiligne et vus simultanément dans le champ de la lunette portent à croire que l'œil perçoit plus aisément le filet lumineux séparateur quand le disque est de grand rayon que lorsqu'il est petit.

7° L'aberration d'obliquité, due à ce que les faisceaux incidents s'éloignent de la direction de l'axe optique de l'objectif ou du miroir, peut troubler les images au point d'introduire dans l'estime du contact une erreur d'une seconde d'arc. Il est donc indispensable, dans toutes ces expériences, d'amener les images du disque et de l'écran à se toucher exactement au milieu du champ.

Après l'observation du passage, M. André a continué et développé ces études importantes sur les phénomènes des contacts. Nous en exposerons ici les nouveaux résultats.

La comparaison des heures observées pour le même contact dans les différentes stations paraît *a priori* être le meilleur moyen d'arriver à la loi du phénomène ; mais ces observations sont affectées par tant de causes diverses (dont les principales sont : la différence des ouvertures, les défauts de l'objectif, de l'oculaire et de la mise au point), qu'il n'est pas facile d'arriver ainsi à des conséquences générales. La comparaison des diamètres observés échappe à cet inconvénient, parce que la valeur adoptée résulte alors d'un grand nombre de mesures, et qu'ainsi les causes perturbatrices y ont, la plupart du temps, une influence constante, quel que soit le mode d'observation : l'auteur en a donc fait la base de sa discussion.

1° Le fait capital est celui-ci : les valeurs des diamètres de Vénus et de Mercure, obtenus micrométriquement dans les conditions ordinaires, c'est-à-dire en observant l'astre sur le fond du ciel, sont toujours plus grandes que celles obtenues pendant le passage, et en diffèrent d'autant plus que l'ouverture de l'instrument employé est plus petite.

Ainsi, pour le passage de Vénus, la valeur la plus grande, celle de M. Mouchez à son équatorial de 8 pouces ($0^m,217$) d'ouverture, est de $64'',38$. Les mesures faites, de 1840 à 1852, par M. R. Main, à l'équatorial Est de l'observatoire de Greenwich ($0^m,170$ d'ouverture), et M. John Plummer, en 1868, à l'équatorial de Fraunhofer de l'observatoire de Durham ($0^m,165$), donnent en moyenne $64'',73$.

Pour le passage de Mercure du 4 novembre 1868, le plus grand diamètre obtenu avec une *lunette ordi-*

naire est égal à 9",43, valeur trouvée par M. C. Wolf à l'aide d'un instrument de $0^{m},204$ d'ouverture. Les observations faites par M. R. Main à l'équatorial Est de l'observatoire de Greenwich conduisent, pour le jour du passage, au nombre de 10",206.

Ce résultat, entièrement conforme à la théorie des phénomènes de diffraction, provient de ce que l'image d'un point lumineux dans une lunette n'est pas un point mathématique, mais un disque brillant (entouré d'anneaux alternativement obscurs et brillants), de grandeur variable avec l'ouverture; par la même raison, le diamètre de Vénus, mesuré sur le fond brillant du Soleil, se trouve diminué d'une certaine quantité, tandis qu'il est augmenté de la même quantité dans le cas de l'observation de l'astre sur le ciel avec le même instrument.

2° Pour avoir le diamètre *vrai* de Vénus ou de Mercure, on doit, non pas se contenter de la valeur même obtenue pendant le passage, mais prendre la *moyenne* de la valeur ainsi obtenue et du nombre auquel conduisent les mesures micrométriques faites avant et après le passage avec le même instrument. Ainsi l'on a :

Passage de Vénus du 8 décembre 1874.

Colonel Tennant (6^{p}, Roorkee).......	63",902
M. Main (obs. ant., $6^{p},7$, Greenw.)...	65,360
Demi-somme ou diamètre vrai ...	64,631

Passage de Mercure du 4 novembre 1868.

M. J. Plummer (7^p, Durham)	9",041
M. Main (obs. ant., 6^p,7, Greenw.)....	10,206
Demi-somme ou diamètre vrai......	9,603

3° La différence des diamètres de Vénus ou de Mercure obtenus avec *un même instrument*, d'une part pendant le passage, d'autre part dans les conditions ordinaires d'observation, doit être égale au double du diamètre du disque lumineux que donne cet instrument avec une étoile, ou du moins une quantité de même ordre; elle est constante pour des instruments de même ouverture et décroît à mesure que l'ouverture augmente.

Passage de Vénus du 8 décembre 1874.

Colonel Tennant (6^p, Roorkee).......	63",932
M. Main (obs. ant., 6^p,7, Greenw.). ..	65,360
Demi-différence..........	0,724

Passage de Mercure du 4 novembre 1868.

M. J. Plummer (7^p, Durham)........	9",001
M. Main (obs. ant., 6^p,7, Greenw.)...	10,206
Demi-différence..........	0,602

Or les constantes de séparation de Dawes et Foucault, combinées avec les calculs de Schwerd, donnent pour la même quantité 0",854.

4° Le diamètre de la planète, déterminé pendant

le passage par des instruments d'ouvertures différentes, est d'autant plus petit et celui du Soleil d'autant plus grand (leur somme étant constante quelle que soit l'ouverture), que l'ouverture est elle-même plus petite. Le diamètre de la planète, obtenu dans les conditions ordinaires d'observation, est, au contraire, d'autant plus grand que l'ouverture est plus petite ; mais les nombres de ces deux séries de valeurs tendent vers une limite, le *diamètre vrai* de Vénus, limite atteinte lorsque l'ouverture est très-grande (25^p à 30^p). Ainsi l'on a :

Passage de Vénus du 8 décembre 1874.

Mouchez ($0^m,216$, St-Paul)...........	$64'',380$
Tennant ($0,152$, Roorkee)............	$63,902$

Passage de Mercure du 4 novembre 1868.

C. Wolf ($0^m,204$, Paris)..........	$9'',430$
J. Plummer ($0,165$, Durham)........	$9,001$
O. Struve ($0,064$, Pulkowa)........	$6,840$

5° Des observateurs, armés de lunettes d'ouvertures différentes, ne voient pas le contact se produire, en un même lieu, au même instant. Les heures ainsi observées sont d'autant plus tardives pour l'entrée que l'ouverture de l'instrument est plus grande ; la limite vers laquelle elles tendent est l'heure du *contact vrai* que, avec la précision de l'observation, on obtiendrait avec un instrument de très-grande ouverture.

Pour comparer entre elles deux observations du même contact, faites avec des instruments différents, il faut donc employer pour chacune d'elles les valeurs des diamètres du Soleil et de Vénus qui correspondent à l'ouverture de l'instrument; ou, en d'autres termes, appliquer à l'une d'elles une correction, une *équation de diffraction instrumentale* égale au temps (ou tout au moins de même ordre) pendant lequel le centre de Vénus parcourt une longueur qui, projetée sur le rayon du disque solaire au point de contact, serait égale à la différence des diamètres apparents donnés par les deux instruments.

Les conclusions précédentes ont été soumises par l'auteur lui-même à un contrôle expérimental.

Disposant, dans les caves de l'École Normale, d'une chambre noire de 100 mètres de long, il était possible d'observer avec une lunette de 10 centimètres d'ouverture et $1^m,24$ de foyer, dont on diaphragmait l'objectif jusqu'à $1^c,7$.

Il a employé les deux procédés suivants :

1° Mesurer le diamètre d'une fente large, pratiquée dans une lame de cuivre argentée et polie sur une de ses faces, qu'on éclairait vivement : tantôt par derrière, ce qui donnait une fente brillante sur fond obscur (planète observée sur le fond du ciel) ; tantôt par réflexion sur sa face polie, ce qui donnait une fente obscure sur champ lumineux (planète observée sur le disque solaire).

2° Mesurer les intervalles compris entre les bords de deux fentes larges vivement éclairées par derrière, pratiquées dans un écran opaque et séparées l'une de l'autre par un intervalle sensiblement égal à leur largeur.

L'expérience a conduit aux résultats suivants :

Plaque argentée.

Ouverture en centimètres.	Éclairage direct.	Éclairage réfléchi.	Différence des diamètres observés.	Différence des diamètres calculés.
1,7	44″,04	28″,22	15″,82	15″,68
4,9	38,78	32,62	6,16	5,33

Double fente.

Ouverture en centimètres.	Diamètre extérieur.	Diamètre intérieur.	Différence des diamètres pour les deux ouvertures.	Différence des diamètres observés.	Différence des diamètres calculés.
1,7	2′13″,59	33″,39	6,5 — 1,7	4″,99	5,77
2,9	2. 9,68	36,60	5,5 — 2,9	3,56	3,17
6,5	2. 8,58	38,35			

Le diamètre apparent d'un astre (assez brillant) varie donc avec l'ouverture de l'instrument dans lequel on l'observe.

Parmi les conséquences qui découlent de cette loi, l'auteur signale les deux suivantes :

1° Les lunettes méridiennes que la Commission du passage de Vénus avait confiées à ses astronomes, et celles que le Dépôt de la Marine met entre les mains de ses ingénieurs et des officiers de la flotte, sont des lunettes de MM. Brunner frères, de 6 centimètres d'ouverture. Le diamètre de la Lune, observé dans un pareil instrument, est donc plus grand que celui qui aurait été mesuré avec une lunette de *très-*

grande ouverture; « de sorte que, si, comme le fait peut se présenter souvent dans le cours d'une campagne hydrographique, on a déterminé la longitude d'une station avec des observations de passages du premier bord de la Lune (première moitié de la lunaison) et celle d'une autre station avec des observations du second bord de notre satellite (deuxième moitié de la lunaison) il arrivera que, par le fait seul de l'instrument employé, à cause de la diffraction instrumentale et indépendamment de la distance réelle des deux points, la longitude de cette seconde station différera de la première de $3^s,52$, soit, en chiffres ronds, à peu près *quatre secondes de temps*. »

De même, si, avec un pareil instrument, on détermine la longitude d'un point par la comparaison des heures du passage de la Lune en cette station et dans un observatoire fixe où l'on se sert d'une lunette d'ouverture considérable, par exemple le grand instrument méridien de 24 centimètres de l'Observatoire de Paris, il faut apporter au nombre trouvé une *correction de diffraction instrumentale* égale dans ce cas à $1^s,2$ et qui change de signe, suivant que le bord bien terminé de la Lune se présente le premier ou le second dans le champ de la lunette.

2° L'un des meilleurs moyens astronomiques indirects que l'on puisse employer pour déterminer la parallaxe solaire consiste à la déduire de l'*inégalité parallactique* de la Lune, dont elle est environ le quinzième. Or, dans un Mémoire récent, et qui fait loi, M. Newcomb, se fondant sur des expériences de Robinson, ancien directeur de l'Observatoire d'Armagh, et sur la discussion faite par M. Breen, des occultations observées à Greenwich de 1830 à 1845, augmente cette inégalité parallactique de 1″,1, pour tenir compte de l'élargissement qu'éprouve le diamètre de la Lune par suite de l'*irradiation*, lorsqu'on l'observe au milieu de la nuit, au moment de son maximum d'éclat.

Si, comme l'admet M. André, ce phénomène d'irradiation n'existe pas, les différences observées par M. Breen doivent être interprétées autrement, et il faut supprimer cette correction de 1″,1 ; ce qui revient à diminuer de 0″,07 la parallaxe 8″,844, que M. Newcomb a déduite de l'inégalité parallactique.

De plus, pour obtenir la valeur de l'inégalité parallactique, et par suite la parallaxe solaire, avec toute l'exactitude possible, il convient de faire entrer dans la discussion les groupes seuls d'observations où, soit aux environs de la conjonction, soit aux environs de l'opposition, les *deux bords* de la Lune ont été observés le *même nombre* de fois ; dans le cas contraire, il faut affecter chaque observation d'une *correction de diffraction instrumentale*, qui change de signe avec le bord observé, et qui, pour les anciens instruments méridiens de Paris, Greenwich et Washington ($0^m,12$ à $0^m,15$ d'ouverture), atteindrait à peu près une demi-seconde d'arc. Elle s'élèverait à plus d'une seconde, si l'on se servait des observations faites à Greenwich de 1762 à 1816, avec la lunette méridienne de Bird ($0^m,067$ d'ouverture).

Ainsi, dès que l'on veut obtenir la parallaxe solaire avec une approximation de deux ou trois centièmes de seconde, on rencontre toujours des difficultés de même ordre.

Parmi les observations de la Lune faites à l'Observatoire de Paris en 1875, il en est vingt-quatre du premier bord faites en même temps à la lunette méridienne de Gambey ($0^m,17$) et au grand cercle méridien ($0^m,24$ d'ouverture). Leur comparaison est la preuve immédiate du fait signalé plus haut; et la différence moyenne, *lunette méridienne* moins *grand cercle méridien*, corrigée de la différence des équations personnelles des deux observateurs, est égale à $0^s,091$; soit en arc $1'',365$.

Cette quantité est la somme des effets de la diffraction instrumentale et de la différence des aberrations des deux lunettes.

Il en résulte que, pour avoir avec toute l'exactitude possible la longitude d'un lieu par les culminations lunaires, il convient de ne comparer ces observations qu'à celles faites avec un instrument type *de même ouverture;* et surtout de déterminer aussi souvent que possible le diamètre de la Lune, avec l'instrument type et à la station dont on cherche la position.

D'un autre côté, si cette théorie est vraie, le diamètre de la Lune déduit d'une observation d'occultation d'étoile faite derrière le bord lumineux de la Lune doit surpasser celui qu'on obtient à l'aide d'une observation faite derrière le bord obscur, de toute la valeur de la *constante de la diffraction instrumentale* relative à la lunette employée. Or, si l'on discute, à ce point de vue, les observations d'occultation faites à l'Observatoire de Greenwich de 1838 à 1852 avec l'équatorial Est ($0^m,17$ d'ouverture), on voit que cette différence est de $1'',74$; la théorie donnerait $1'',55$.

M. André a également étudié expérimentalement le phénomène de la goutte noire. Dans son expérience, une lame de verre dépoli qu'on éclaire, soit à l'aide de la flamme du gaz réfléchi par de la chaux, soit avec la lumière Drummond, soit encore au moyen d'une machine électromagnétique de l'*Alliance*, figure le Soleil. Une lame métallique noircie, ayant d'un côté la courbure même du bord du Soleil, forme le fond obscur du ciel ; mais son bord courbe est double. Une lame plus petite usée sur le même bassin d'optique, mobile autour d'un centre et équilibrée de façon qu'elle coïncide avec la première dans l'état ordinaire, tourne dans un plan parallèle au sien (mais en ne cessant pas d'être invisible pour l'observateur), dès que la plus petite force vient à la soulever.

En avant de cette lame noircie se meut, entraîné par un mouvement isochrone, un disque métallique dont le diamètre apparent, vu dans la lunette, est précisément celui de Vénus au jour du passage, et qui, de plus, coupe le Soleil sous l'inclinaison convenable.

L'un des pôles d'une pile communique avec la planète Vénus, l'autre avec le bord mobile du Soleil ; de sorte que, au moment où le contact géométrique a lieu, un courant se produit, qu'on enregistre sur un chronographe Bréguet. Sur le même chronographe s'inscrivent parallèlement l'heure donnée par une pendule Winnerl, et le *top* donné par l'observateur sur un manipulateur Morse.

L'expérience a donné les résultats suivants :

1° Ce que l'on a appelé la *goutte noire*, le *pont* ou *ligament noir*, est, non pas un fait accidentel, mais bien un fait *nécessaire*, *caractéristique* du phénomène lui-même.

Avec une source lumineuse suffisamment intense, un pont se produit *toujours* au moment du contact géométrique, quelque parfaite que soit la lunette employée ; mais les dimensions angulaires de ce pont sont inversement proportionnelles au diamètre de l'objectif ; et, dès que ce diamètre atteint 5 ou 6 pouces, le pont devient pour ainsi dire insensible.

2° On peut d'ailleurs le faire disparaître complétement dans l'image rétinienne, et cela de deux manières, soit en augmentant suffisamment le pouvoir absorbant du verre noir qui sert à l'observation, soit en plaçant en avant de l'objectif un écran particulier, formé d'un grand nombre d'anneaux très-étroits, séparés les uns des autres par des anneaux obscurs de même largeur.

On peut aussi le faire disparaître en réduisant d'une manière convenable l'intensité de la source lumineuse qui figure le Soleil. En rapprochant ce moyen du premier on obtient une démonstration saisissante de ce fait que, dans l'observation astronomique, l'œil et la lunette forment un *système optique unique et déterminé*.

Dans l'un de ces trois cas, le passage se produit d'une *façon géométrique*.

3° Tous ces faits sont d'accord avec la théorie de la diffraction bien interprétée, et ils peuvent se démontrer par un calcul rigoureux.

4° L'existence de ce pont ou ligament noir n'est d'ailleurs point un obstacle réel à la bonne observation du passage. Dans ce phénomène, alors compliqué, il existe une *phase simultanée* pour toutes les lunettes, quelles qu'en soient les ouvertures, qui correspond au contact géométrique, et qu'après une éducation convenable on parvient à observer avec une erreur au plus égale à $0^s,75$ pour le contact interne d'entrée et à $1^s,50$ pour le contact interne de sortie.

5° L'auteur ajoute que l'erreur totale commise sur la durée du passage peut donc être réduite à $2^s,5$; que, pour avoir la *parallaxe solaire à un centième de seconde d'arc*, il suffit de ne pas commettre sur cette durée une *erreur supérieure à cinq secondes de temps*; et que, par conséquent, l'observation du passage de Vénus peut fournir cette parallaxe à *cinq millièmes de seconde d'arc* près.

Les observations d'Herschel ont montré que l'image d'une étoile donnée par une lunette d'ouverture déterminée se compose d'un disque lumineux d'étendue finie, variable avec l'ouverture de l'instrument et entouré d'un petit nombre d'anneaux alternativement brillants et obscurs. Le diamètre du disque et celui des anneaux de même ordre diminuent progressivement à mesure que l'ouverture de l'instrument augmente. Un objectif de lunette ou un miroir de télescope d'une ouverture donnée ne peuvent donc montrer nettement séparées l'une de l'autre deux étoiles dont la distance angulaire serait inférieure au diamètre du disque stellaire caractéristique de cette ouverture. C'est ce que Dawes et Foucault ont exprimé en disant que le *pouvoir séparateur* ou le *pouvoir optique* d'un instrument varie en raison directe de son ouverture.

M. André prouve aujourd'hui que le diamètre apparent d'un astre quelconque est également lié aux dimensions de cette ouverture, pourvu que l'astre soit suffisamment brillant. Sur un fond obscur, ce diamètre est d'autant plus petit que l'ouverture de l'instrument est plus grande; sur un fond brillant au contraire, tel que le Soleil, le diamètre de l'astre, qui paraît alors obscur, est d'autant plus petit que l'ouverture de l'instrument est moindre.

Les deux séries de nombres ainsi obtenues avec des instruments d'ouverture progressivement croissante tendent vers la même valeur que celle que l'on obtiendrait en se servant d'un instrument de très-grande ouverture (théoriquement d'ouverture infinie). Pour la mesure du diamètre des astres, comme pour la séparation des étoiles, chaque instrument se trouve donc caractérisé par une constante particulière différente de la constante de séparation, quoique dépendant des mêmes conditions, par une *constante de diffraction instrumentale*.

Dans une lunette ou dans un télescope, l'image géométrique de toute source lumineuse se trouve donc entourée d'une *zone de lumière diffractée*, d'étendue angulaire variable avec l'ouverture de l'instrument et, pour trouver l'intensité lumineuse aux différents points de cette zone, il faut calculer les portions successives du volume du solide de diffraction, séparées par un plan qui se déplace parallèlement à lui-même et à l'axe de ce solide depuis l'un des bords de la zone jusqu'à l'autre.

En admettant que dans cette zone on cesse de percevoir la lumière dès que son intensité est le trentième de celle où l'éclairement est constant, le calcul prouve que, pour un objectif de 10 centimètres d'ouverture, l'étendue angulaire de la zone diffractée extérieure serait égale à 1",4.

En d'autres termes, en vertu même des propriétés de l'agent lumineux au foyer d'un objectif aplanétique, le diamètre de l'image d'une source de diamètre apparent sensible donnée par cet objectif est égal à son diamètre géométrique augmenté d'une certaine quantité variable avec l'ouverture de l'instrument, et qui, pour un objectif de 10 centimètres, atteint théoriquement la valeur de 2",8.

Une autre conséquence, également importante, découle immédiatement de la théorie qui précède. Lors du passage d'une planète, Vénus ou Mercure, sur le disque du Soleil, il existe pour celui-ci deux zones de lumière diffractée, la zone extérieure, dont nous venons de parler, et, en outre, une zone intérieure qui empiète sur la planète elle-même. Le diamètre de Vénus ou de Mercure, mesuré pendant le passage, devra donc être toujours plus petit que dans les conditions ordinaires d'observation ; et, de plus, ce diamètre sera d'autant plus petit que l'ouverture de l'instrument sera moindre, la variation étant égale à la différence des constantes de diffractions instrumentales des instruments employés.

Il résulte donc en définitive de ces études que, pour devenir comparables entre elles, toutes les mesures astronomiques doivent être corrigées des quantités précédentes.

D'autre part, M. Angot a étudié la même question au point de vue photographique.

Il a reconnu tout d'abord que les images obtenues sur les plaques daguerriennes subissent, elles aussi, l'influence de la diffraction instrumentale et nécessitent des corrections analogues.

On a remarqué depuis longtemps, du reste, que l'image photographique d'un objet éclairé se trouve dilatée, les parties lumineuses empiétant sur les régions obscures. Pour étudier le fait, l'auteur a pris, dans des circonstances variées, l'image photographique d'une source lumineuse formée de deux rectangles séparés par un intervalle obscur. L'augmentation de dimension que l'on observe pour chaque rectangle lumineux est égale à la diminution de l'espace obscur compris entre eux : la somme de deux quantités doit donc être constante, vérification précieuse qui donne le degré d'approximation de chaque expérience.

L'expérimentateur s'est servi pour cela d'une lunette photographique de la Commission du passage de Vénus. L'objectif, de 13 centimètres d'ouverture, et achromatisé par l'écartement des deux lentilles qui le composent, avait, dans ces expériences, environ $3^m,80$ de longueur focale ; $\frac{1}{500}$ de millimètre, mesuré sur l'épreuve, correspondait donc à $0'',109$. La lentille et la source lumineuse photographiée étaient disposées, dans les caves de l'École Normale, à 87 mètres l'une de l'autre, distance que rendait nécessaire la grande longueur focale de la lunette. Enfin, les épreuves photographiques ont été mesurées avec les machines micrométriques de la Commission du passage de Vénus.

Le fait capital constaté a été que la dimension de l'image photographique croît notablement lorsqu'on augmente soit la durée de pose, soit l'intensité de la lumière. Cet accroissement est tel que, dans les circonstances des expériences, il a pu dépasser $0^{mm},2$ (environ 10 secondes). Voici, par exemple, les résultats des mesures de sept images obtenues successivement sur une même plaque daguerrienne, et pour lesquelles on n'a fait varier que la durée de la pose :

Durée de pose.	Largeur, en $\frac{1}{500}$ de millimètre.		Somme $l+o$.
	du rectangle lumineux l.	de l'intervalle obscur o.	
10 secondes.....	593,5	192,6	786,1
30 »	618,5	168,6	787,1
40 »	624,0	163,6	787,6
1 minute.......	632,6	155,2	787,8
2 »	645,7	141,4	787,1
4 »	656,6	130,0	786,4
7 »	673,8	113,4	787,2

L'unité est, comme nous avons dit, le $\frac{1}{500}$ de millimètre, qui correspond à $0'',109$, et la dernière colonne $l+o$, dont les nombres doivent être constants, montre que l'erreur moyenne est environ de $0^{mm},001$ ($0'',05$).

Le phénomène est absolument le même si l'on opère sur collodion sec ou humide, ou si l'on fait varier l'intensité de la lumière, laissant constante la durée de pose.

Une première explication consisterait à supposer un *cheminement* de proche en proche de l'action photographique, cheminement qui devrait augmenter, comme les nombres cités plus haut, avec l'intensité de la lumière ou la durée de pose. Si une pareille hypothèse était exacte, la dimension de l'image serait plus petite sur une plaque ordinaire que sur une autre qui aurait été un peu exposée à la lumière avant de recevoir l'impression photographique. Dans ce dernier cas, en effet, l'action ayant commencé devrait se continuer plus facilement.

Pour s'en assurer, l'auteur exposa à la lumière une moitié de chaque plaque, et fit sur les deux moitiés une série d'épreuves correspondant deux à deux à la même durée de pose et à la même intensité, de façon que toutes les circonstances fussent identiques de part et d'autre, sauf l'exposition préalable à la lumière. L'expérience a été répétée un grand nombre de fois et a toujours donné des résultats contraires à ceux que pouvait faire prévoir l'hypothèse du cheminement.

Le phénomène, au contraire, s'explique facilement par les théories ordinaires de l'optique physique. Si l'on calcule l'intensité de la lumière aux différents points de l'image d'un corps uniformément éclairé, obtenue au foyer d'un objectif aplanétique, on arrive aux conséquences suivantes :

1° Dans presque toute l'étendue de l'image géométrique, l'intensité de la lumière est constante ; elle décroît *dans l'intérieur même de cette image*, quand on arrive près des bords ; au bord géométrique, elle n'est plus que la moitié de ce qu'elle était dans la partie constante ; au delà, elle décroît progressivement suivant une courbe que la théorie permet de calculer.

2° En prenant toujours pour unité l'intensité lumineuse dans la partie de l'image où elle est constante, la zone de lumière diffractée se représente toujours par la même courbe, quand on fait varier l'ouverture de l'objectif. Il faut seulement, pour avoir les distances au bord géométrique, multiplier par le rapport inverse des ouvertures toutes les abscisses de la courbe.

La méthode expérimentale décrite précédemment permet de déterminer, dans chaque cas, la différence des dimensions de l'image géométrique et de l'image réelle. En effet, dans tous les cas, la somme des intervalles lumineux et obscur de l'objet photographié est constante et égale à la valeur qu'aurait cette même somme dans l'image géométrique. D'autre part, on peut mesurer directement sur la source lumineuse le rapport de largeur entre les rectangles lumineux et l'intervalle obscur qui les sépare.

On détermine ainsi en valeur absolue les dimensions qu'aurait l'image géométrique, et on peut leur comparer l'image obtenue dans les différents cas. Cette comparaison a conduit aux principaux résultats suivants :

I. *Loi de l'intensité*. — En faisant varier l'intensité seule, et laissant constante la durée de pose, on obtient des images d'autant plus grandes que l'intensité est plus grande. On peut déduire, de la mesure de ces photographies, le rapport des intensités aux différents points de l'image, dans sa partie variable.

Voici le résultat d'une de ces déterminations :

Plaque daguerrienne iodée et bromée (durée de pose, une minute).

Intensité relative.	Distance au bord de l'image géométrique en $\frac{1}{600}$ de millim.	en secondes d'arc.
1	116,1	12",66
4	81,0	8,84
9	41,5	4,52
9,5	39,2	4,27
38	— 22,4	— 2,99

Le signe — indique que le point considéré est en dedans de l'image géométrique. L'expérience montre donc que l'image est généralement dilatée, mais qu'en réduisant suffisamment l'intensité de la lumière on peut obtenir, comme le veut la théorie, des images plus petites que l'image géométrique.

Les courbes obtenues ainsi ont une analogie frappante avec la courbe théorique, mais elles sont toujours plus élargies. Cet effet, dû à l'aberration de l'objectif, n'a pas encore été calculé rigoureusement, mais il est facile de voir que c'est bien le sens dans lequel il devait se manifester.

II. *Loi de la durée de pose.* — Si, laissant constante l'intensité, on se borne à faire varier la durée de pose, on obtient des résultats analogues aux précédents, mais non identiques ; l'ensemble des expériences montre que l'influence du temps de pose et celle de l'intensité sont loin d'être réciproques. Une pose de durée 2 avec une intensité réduite à $\frac{1}{2}$ produit une dilatation de l'image notablement moindre que l'intensité 1 avec une durée de pose $\frac{1}{2}$. La différence s'accentue encore à mesure que l'intensité décroît, et, si l'on veut obtenir un effet constant avec une intensité lumineuse de plus en plus faible, il faut que la durée de pose augmente beaucoup plus rapidement que la raison inverse de l'intensité.

III. *Loi de l'ouverture.* — Pour vérifier la loi de l'ouverture de l'objectif, l'auteur a réduit celui-ci de moitié, mais en quadruplant l'intensité de la lumière, afin que l'éclat de l'image fût toujours le même dans la partie où l'intensité de la lumière est constante ; la durée de pose était alors la même dans les deux cas. Avec ces précautions, le raisonnement montre que, si l'on considère un point où l'intensité lumineuse est dans un rapport déterminé avec l'intensité au centre de l'image, la distance de ce point au bord géométrique doit varier en raison inverse de l'ouverture.

Signalons seulement les nombres suivants, obtenus avec des durées de pose et des intensités différentes :

			Excès de l'image sur l'image géométrique	
			en $\frac{1}{500}$ de millim.	en secondes d'arc.
1re expérience....		Ouverture 1..	27,0	2″,94
		Ouverture $\frac{1}{2}$..	43,0	4,69
2e expér. (intensité constante).	Pose, 70^s	Ouverture 1..	50,2	5,47
		Ouverture $\frac{1}{2}$..	72,0	7,85
	Pose, 40^s.	Ouverture 1..	28,6	3,12
		Ouverture $\frac{1}{2}$..	35,1	3,83

Bien que les seconds nombres, correspondant à l'ouverture $\frac{1}{2}$, ne soient pas doubles des premiers, l'expérience n'en est pas moins décisive en faveur de la théorie ; car l'effet de l'aberration doit diminuer avec l'ouverture de la lunette, et cette diminution aurait pu masquer l'augmentation due à la diffraction.

IV. *Influence de l'exposition antérieure à la lumière.* — La mesure du diamètre des planètes, faite pendant le jour, donne un nombre plus petit que l'observation de nuit ; car, dans le jour, le fond éclairé du ciel vient masquer une partie de la zone de lumière diffractée qui entoure le corps. Pour la photographie, l'exposition antérieure à la lumière produit le même effet que l'éclairement général du fond : l'agrandissement diffractionnel de l'image doit donc être moindre, comme l'expérience l'a montré.

Ces expériences complètent, comme on le voit, celles de M. André.

Remarque fréquente dans l'histoire des sciences, la question traitée par M. André a été séparément étudiée par un autre astronome, M. Van de Sande Backhuysen, directeur de l'Observatoire de Leyde, et des résultats analogues ont été obtenus. Ce travail avait même été publié près de trois ans auparavant, dans le n° 1988 des *Astronomische Nachrichten*, et l'auteur en a adressé l'extrait suivant à l'Académie des Sciences, le 18 décembre 1876 :

« J'ai démontré que les phénomènes observés ne peuvent être expliqués par l'aberration de sphéricité de l'objectif, et que, au contraire, la diffraction de l'objectif peut servir à expliquer l'ensemble des phénomènes. Pour vérifier la justesse de cette explication, j'ai calculé l'intensité de la lumière diffractée dans différentes phases près du contact réel. En premier lieu, j'ai considéré le moment de contact réel intérieur, et j'ai calculé pour 36 points, sur une ligne située à la même distance des bords de Vénus et du Soleil, l'intensité pour trois objectifs suivants de 10, 7 et 4 pouces d'ouverture, et j'ai trouvé que l'intensité des différents points de l'image, telle que l'œil l'aperçoit (intensité subjective), ne diffère que fort peu de l'intensité calculée de l'image formée par l'objectif (intensité objective).

» On voit immédiatement, par les valeurs des intensités en différents points, que j'ai réunies dans un tableau, que près du point de contact il doit se former un ligament noir, et de la manière dont l'intensité s'accroît en s'éloignant du point de contact, je déduis que le contour du ligament est assez bien déterminé et que les dimensions de la goutte ou du ligament diminuent avec l'intensité de la lumière et aussi avec un agrandissement de l'objectif.

» Après avoir démontré de cette manière que les phénomènes causés par la diffraction sont les mêmes que ceux qu'on observe pendant la formation de la goutte noire, je discute les autres explications que l'on a données : l'irradiation, l'aberration de sphéricité de l'objectif, la mise au point de l'oculaire et la polyopie.

» Ensuite je fais voir quel est le phénomène de la goutte noire quand le bord de la planète et du Soleil sont à une petite distance de 0",1 et 0",2 ; dans ces deux cas, j'ai déterminé, de la même manière que pour le contact réel pour un objectif de 4 pouces, l'intensité de la lumière diffractée dans les environs du point où la distance des bords est minimum, et de là je déduis quel est le phénomène qu'on doit observer pendant le passage de Vénus pour obtenir le moment du contact réel. Pour faire voir quel est l'avantage d'un objectif de grande ouverture, j'ai calculé aussi l'intensité de la lumière quand les bords sont à une petite distance et que l'objectif est de 10, 7 ou 4 pouces d'ouverture.

» En dernier lieu, j'ai déterminé les phénomènes de diffraction qui doivent se produire quand la planète n'est pas encore entrée tout à fait sur le disque solaire, quelques instants avant le moment du contact, pour apprécier le degré d'exactitude avec laquelle on peut mesurer les cordes.

» Comme on le voit, toutes les conclusions de M. André se trouvent dans ma Note : 1° la diffraction, cause du phénomène de la goutte noire ; 2° l'influence du diamètre de l'objectif ; 3° l'influence de l'intensité de l'image ; 4° l'existence d'une phase simultanée pour toutes les lunettes ; 5° l'exactitude avec laquelle on peut observer ce phénomène (d'après mes observations, l'erreur est au plus égale à $1^s,5$, de même que pour M. André). Seulement je ne serai pas d'accord avec M. André quand il dit que les dimensions du pont sont inversement proportionnelles au diamètre de l'objectif.

» En général, la goutte diminue quand l'ouverture de l'objectif devient plus grande ; mais, comme l'intensité totale de l'image a une assez grande influence sur les dimensions du pont, et que cette intensité change aussi avec les dimensions de l'objectif, une proportionnalité exacte n'existe pas. »

Un vieux proverbe assure que « les beaux esprits se rencontrent. » L'adage est peut-être encore plus vrai dans la science que dans la littérature et dans les arts.

La séance de l'Académie des Sciences du 25 janvier 1875 a été en partie occupée par une conversation entre plusieurs Membres de l'Académie sur la question des observations du passage, des chiffres obtenus dans les diverses stations pour les heures d'entrée et de sortie, et des résultats définitifs à en conclure pour la parallaxe.

Le Secrétaire perpétuel, M. Bertrand, avait communiqué une Lettre des observateurs de Saïgon, montré qu'ils n'étaient point d'accord entre eux, et conclu qu'il en résulterait des incertitudes qui ne manqueraient pas de troubler la confiance que l'on pouvait avoir dans les résultats.

M. Fizeau a fait remarquer que la différence des déterminations des deux observateurs de Saïgon pouvait tenir à ce que l'un d'eux disposait d'une lunette de 6 pouces, tandis que l'autre n'avait pu faire usage que d'une lunette marine de 4 pouces.

M. Le Verrier a appuyé l'opinion émise par M. Fizeau et exprimé le regret qu'on publiât les observations isolément et non dans leur ensemble. L'Angleterre, a-t-il dit, a voulu éviter cet inconvénient. Tout observateur anglais envoyé officiellement a dû, aussitôt les observations du passage faites, les placer sous pli cacheté et envoyer ce pli directement à Greenwich, sans en donner aucune autre communication privée ou publique. Ainsi toutes les observations dont il sera fait usage auront bien été recueillies indépendamment les unes des autres et sans que personne puisse être tenté d'appliquer aucune correction à ses propres observations.

Pour apprécier la valeur de cette réserve, il faut savoir que, lors du célèbre passage de 1769, plus d'un observateur a été accusé d'avoir retravaillé ses observations après coup, en partant de l'ensemble des résultats déjà publiés.

Toute observation dont l'exactitude peut être soupçonnée à l'avance doit être mise de côté sans discussion ; car, de deux choses l'une, ou elle s'accordera avec les autres et n'y ajoutera rien, ou elle en différera, et l'on sera conduit à la supprimer, en sorte qu'en tout cas elle n'aura servi à rien.

M. Le Verrier voudrait qu'on laissât de côté les observations faites aux lunettes de 4 pouces, mais M. Faye pense qu'on peut fort bien utiliser ces observations.

Quant aux méthodes de réduction, M. Le Verrier déclare que la méthode des moindres carrés n'est digne d'aucun degré de confiance, et il ajoute : « Pour ceux de nos collègues étrangers à ces matières, et qui ne connaissent pas la méthode dite *des moindres carrés*, je dirai que c'est une sorte de trémie mécanique inventée pour dispenser les gens de toute intelligence, et dans laquelle on jette pêle-mêle, sans discussion, tous les nombres empruntés aux observations. D'un côté, on tourne un engrenage et de l'autre il sort la solution demandée.

» Il est vrai qu'elle ne vaut rien, comme l'on peut s'en assurer.

» La machine, en effet, ne se borne pas à donner la olution, il en sort aussi le degré d'exactitude sur lequel on prétend pouvoir compter ; mais, par malheur, toutes les fois qu'on peut reprendre la question avec d'autres observations tout aussi précises que les premières, on trouve tout autre chose ; et vraiment l'application qu'on nous propose est bien mal choisie, car c'est en appliquant la méthode des moindres carrés à la discussion des observations du célèbre passage de Vénus, en 1769, que le directeur de l'Observatoire de Berlin en a tiré, pour la parallaxe du Soleil, le nombre 8",5776, nombre absolument faux, et qui nous a tous trompés pendant quarante ans.

» Mais comment se défier d'un nombre qu'on nous donnait certifié exact jusqu'à la quatrième décimale ? « Oh, disait malicieusement Biot, la première est certainement fausse, mais peut-être que la quatrième est juste. »

Sur ce, M. Regnault, remis d'une grave maladie, s'est trouvé comme par hasard présent à la séance, pour aider de tout son pouvoir à l'enterrement définitif de cette fameuse méthode *des moindres carrés.*

Ce même sujet de la discussion des observations a occupé le directeur de l'Observatoire d'Angleterre, M. Airy. Le point le plus important, d'après lui, est de ramener les observations à l'uniformité, d'après quelque plan bien conçu. Un travail de ce genre est absolument nécessaire, si l'on veut faire un tout des opérations du passage pour obtenir une valeur de la parallaxe solaire igne de confiance ; et ce travail doit être un travail entièrement international. Eu égard à ce que les différentes nations et de nombreuses classes d'observateurs ont pris part aux observations; eu égard aux différentes vues théoriques qui ont déterminé le choix des stations ainsi que les plans d'opération; eu égard aussi à ce qu'on a employé différentes classes d'instruments et à ce que les observateurs ont eu leur attention dirigée sur différentes phases du phénomène, l'Astronome royal propose une forme de centralisation qui réunisse en un seul groupe toutes les différentes méthodes d'observation: comme, par exemple, celles faites seulement au moyen de l'œil, puis celles faites au moyen de la photographie, celles provenant de l'héliomètre ou du micromètre à double image, et enfin toutes les différentes méthodes employés dans les stations diverses. Dans une Note communiquée à la Société astronomique de Londres, il dit : « J'espère que toutes les opérations seront réduites dans cet ordre, au moins dans un premier essai. Il l'emporte sur tous les autres, parce qu'il nous met à même de mettre en évidence les observations défectueuses, qui autrement pourraient rester cachées et inaperçues et être d'un résultat funeste pour les conclusions. Ceux des observateurs, toutefois, qui désirent déduire des conclusions seulement d'une classe d'observations limitée, trouveront ainsi que cette méthode leur donne beaucoup de facilité. Ils auront sous la main les équations à employer, et il n'y aura qu'à faire une séparation entre les observations. Il est à désirer cependant que dans les réductions finales toute la masse des observations se trouve réunie. »

Quoiqu'on ait commencé les réductions des observations et la mesure des photographies presque aussitôt après le retour des missions, ces réductions ni ces mesures ne sont pas encore terminées à l'heure où nous écrivons, trois ans après le passage. Les premières feuilles de ce petit volume sont tirées depuis deux ans, et nous attendions patiemment la fin des travaux pour en connaître les résultats. Sans doute le travail est fort long. Nous savons, par exemple, que la seule réduction des longitudes de Honolulu et Rodrigues, d'après les observations de la Lune en distances zénithales, a demandé, l'année dernière, en Angleterre, l'emploi de trois millions de chiffres. Nous savons aussi que les calculs nécessaires pour comparer les proportions de l'échelle photographique de M. de la Rue avec celle des nombreuses images obtenues (24 par chaque héliographe) ont rempli 2800 pages de papier écolier. Mais enfin on ne peut s'empêcher de s'étonner de voir les calculs de parallaxe demeurer ainsi indéfiniment à l'état latent, et, trois ans après les observations faites, de ne posséder encore que quelques résultats épars. A qui la faute? Sans doute .. (soyons généreux!) à notre planète qui tourne trop vite et nous donne des jours trop rapides.

X.

PASSAGES DE VÉNUS DERRIÈRE LE SOLEIL.

Avant d'arriver aux résultats conclus des observations, disons un mot sur la possibilité qu'on aurait peut-être aujourd'hui d'observer les passages de Vénus *derrière* le Soleil. Nous avons vu plus haut que, pour plusieurs observateurs du dernier passage, le disque de Vénus s'est détaché visiblement en noir sur la chromosphère rougeâtre, qui entoure le Soleil, avant le premier contact et après le dernier; entre le premier et le deuxième contact, et aussi entre le troisième et le quatrième, pendant que les contours apparents des deux astres se coupaient, non-seulement le disque noir de la planète mordait le disque blanc de la photosphère solaire, mais le reste du disque noir, au dehors du disque solaire, était visible sur le fond rougeâtre de la chromosphère. De plus, quand le disque noir était entré au moins à moitié sur le disque solaire, le segment extérieur du disque de la planète a paru entouré d'un mince filet lumineux; on a expliqué rationnellement cet effet par la réfraction de la lumière solaire dans l'atmosphère de Vénus.

M. Ph. Breton pense que cette observation inattendue rend possible, avec les instruments dont la science actuelle dispose, l'observation des passages de Vénus *derrière* le Soleil, et que, si la très-faible lumière rougeâtre de la chromosphère, qui forme la *couronne* autour du Soleil, tranche sensiblement avec le noir du disque de Vénus en conjonction, l'éclat de cette planète en opposition, en phase pleine, tranchera bien davantage sur la chromosphère. Le diamètre apparent de Vénus est à peu près 6 fois moindre en opposition qu'en conjonction. Est-il encore suffisant pour demeurer visible à travers la chromosphère, lors même qu'une portion du disque solaire se trouverait dans le champ de la lunette? Les verres noirs, dont l'oculaire est muni pour l'observation du Soleil, permettraient-ils de distinguer la planète? Pourrait-on la voir arriver derrière les protubérances? Nous n'affirmerons pas le fait avec M. Breton, mais nous partageons son opinion, qu'il serait fort curieux d'essayer.

Il suffirait de calculer d'avance, pour les stations choisies, les époques du commencement et de la fin d'un de ces passages avec les points du contour du disque solaire où il doit commencer et finir, puis d'installer d'avance des observateurs exercés, munis des meilleurs instruments connus, pour qu'ils fussent prêts à saisir au passage le commencement et la fin du phénomène. Ces conditions sont tout à fait analogues à celles qu'exige une bonne observation de tout autre phénomène astronomique; c'est toujours en prévoyant et en se tenant prêt qu'on peut observer avec une justesse proportionnée aux soins pris à l'avance, sans qu'on puisse jamais espérer une exactitude absolue qui n'existe que dans les Mathématiques pures.

Quant aux conséquences à déduire des passages de Vénus derrière le Soleil, il est vrai qu'un de ces passages donnera, pour mesurer la parallaxe du Soleil, un degré de justesse à peu près 6 fois moindre que les passages par devant, parce que la distance de Vénus à la Terre est à peu près 6 fois plus grande en opposition qu'en conjonction; mais, par la même raison, les passages par derrière sont plus fréquents, car ils ont lieu pour des oppositions 6 fois plus éloignées du nœud de l'orbite. Cette fréquence plus grande fera-t-elle compensation? Le rapprochement des passages par devant et par derrière ne peut-il pas d'ailleurs accroître la précision des mesures que nous possédons des éléments de deux planètes?

Le prochain passage derrière le Soleil arrivera en 1878; il sera suivi de quatre autres passages de huit en huit ans, le dernier arrivant en décembre 1910, après quoi il faudra attendre près de deux siècles pour avoir une série de huit ou neuf passages par derrière le Soleil, groupés à des intervalles de huit ans, avec deux passages au plus par devant au milieu de deux de ces intervalles de huit ans. Les derniers ont eu lieu en décembre 1846, 1854, 1862 et 1870.

M. Breton a publié dans *les Mondes* le calcul de ces passages, en négligeant les excentricités des orbites de Vénus et de la Terre, ainsi que les diamètres des deux planètes, et admettant que les durées des deux révolutions sidérales sont, en jours sidéraux, de $365^{j},26$ pour la Terre et de $224^{j},70$ pour Vénus, ce qui donne, pour révolution synodique, $S = 1^{an},59866$ (en années sidérales). En formant la série des multiples entiers de S, on trouve que le plus petit de ces multiples, qui diffère très-peu d'un entier, est 5S, qui vaut $7^{ans},9933$, soit 8 ans moins $\frac{67}{10000}$ d'année sidérale. Les conjonctions de la Terre et de Vénus, prises de 5 en 5, se font donc presque au même point de l'écliptique, à des intervalles très-peu inférieurs à 8 années sidérales comptées en jours sidéraux.

Et, comme cet intervalle est un multiple impair de S, sa moitié, qui est 2,5 S, correspond à une opposition ; car, à partir d'une conjonction, les oppositions arrivent au bout de tout multiple impair d'une demi-révolution synodique, la première à $\frac{1}{2}$ S, la deuxième à $\frac{3}{2}$ S, la troisième à $\frac{5}{2}$ S, si celle-ci arrive au bout de la moitié de 8 ans moins $\frac{67}{10000}$, c'est-à-dire à 4 ans moins $\frac{335}{100000}$ après une opposition, et presque au même point de l'écliptique.

Ces $\frac{335}{100000}$ d'année sidérale équivalent en temps à peu près à 29 heures sidérales et 22 minutes. La période moyenne, qui équivaut à deux révolutions synodiques et demie, est donc de 4 ans moins ($1^j 5^h 22^m$).

En arc d'écliptique, ces $\frac{335}{100000}$ d'année sidérale valent 72',36 de longitude. Ainsi, en ne tenant compte que des moyens mouvements des deux planètes, on peut partager l'écliptique en arcs de 72',36 et numéroter les points de division ; les numéros impairs pourront être tous des lieux de conjonction, et les numéros pairs, des lieux d'opposition. Et tous ceux des points ainsi numérotés qui seront assez près d'un nœud de l'orbite de Vénus donneront lieu à un passage de la planète, savoir : *devant* le Soleil pour les conjonctions, et *derrière* pour les oppositions.

Si, à l'instant d'une conjonction, la latitude géocentrique de Vénus est moindre que le demi-diamètre du

Soleil (supposé égal à 16 minutes), il y aura passage par devant vu du centre de la Terre. D'ailleurs cette latitude géocentrique est égale à la latitude héliocentrique multipliée par le rapport de V à (T — V), en désignant par T et V les rayons vecteurs de la Terre et de Vénus ; la latitude héliocentrique de Vénus est égale à l'inclinaison de l'orbite sur l'écliptique multipliée par le sinus de la longitude de la planète comptée depuis le nœud. Cette expression est très-exacte pour de petites valeurs de la longitude ainsi comptée. De ces propositions et des données que l'on trouve dans tous les Traités, on conclut qu'il y a passage (géocentrique) de Vénus *devant* le Soleil, quand une conjonction se fait à moins de 72',36, avant ou après un nœud de l'orbite.

Pour les passages géocentriques de Vénus *derrière* le Soleil, on en trouve la condition de la même manière, en remplaçant le rapport de V à (T — V) par celui de V à (T + V). On reconnaît qu'il y a passage *derrière* le Soleil, quand une *opposition* se fait à moins de 643',74 à l'est ou à l'ouest du même nœud, presque exactement 6 fois les 72',36 ci-dessus.

Les passages par derrière disposent donc d'un arc d'écliptique 6 fois plus grand que les passages par devant. Pour que deux passages (géocentriques) par devant puissent avoir lieu en 8 mois moins 63 heures (en temps sidéral), il y a toujours assez de marge, et jamais il n'arrive d'époque où un seul de ces passages ait lieu sans être accompagné d'un autre, 8 ans avant ou après.

De même, puisque les passages par derrière ont lieu

jusqu'à 643',74 à l'ouest et à l'est du même nœud, nous avons, pour remplacer ces passages, un arc d'écliptique de 1287',48, dans lequel on trouve huit intervalles de 144',72, avec un reste de 129',72. Ainsi, vers la même époque près de laquelle se font deux passages par devant, il y en a neuf par derrière.

Or le passage observé en 1874 et celui qu'on attend en 1882 indiquent un passage par derrière en 1878, occupant le milieu d'une série de neuf passages par derrière. Les quatre premiers de cette série, arrivés en 1846, 1854, 1862 et 1870, sont restés inaperçus, parce qu'on n'était pas prêt à les observer. Les cinq suivants arriveront en 1878, 1886, 1894, 1902 et 1910. « On les observera de mieux en mieux, si l'on se tient prêt, et le plus prochain, celui de 1878, sera, dit M. Broton, particulièrement utile, s'il peut servir à exercer les observateurs pour le passage par devant attendu en 1882. »

XI.

VALEURS CONCLUES DES OBSERVATIONS DU PASSAGE DE 1874 POUR LA PARALLAXE DU SOLEIL.

Nous arrivons maintenant aux résultats obtenus pour la détermination de la parallaxe. Dans cet exposé, comme dans les précédents, nous suivrons l'ordre chronologique des travaux publiés.

Dès le 12 avril 1875, M. Puiseux a communiqué à l'Académie des Sciences un premier chiffre de la parallaxe conclu de la combinaison des observations de Pékin et de l'île Saint-Paul.

Les données qui ont servi de base au calcul sont les suivantes :

Pékin. (Observateur : M. Fleuriais.)

	Heure des contacts en temps moyen du lieu.	
	h m s	
1er contact intérieur.	22. 0. 0	*Comptes rendus*,
2e contact intérieur.	1.50.15	t. LXXX, p. 32.
Longitude admise.	7.36.34 E.	

Ile Saint-Paul. (Observateur : M. Mouchez.)

	Heure des contacts en temps moyen du lieu.	
	h m s	
1er contact intérieur.....	19.39. 2,5	*Journal*
2e contact intérieur.....	23. 3. 6,1	*de la Mission.*
Longitude admise.......	6. 0.44 E.	

En partant de ces données et en faisant usage des *Tables du Soleil et de Vénus* de M. Le Verrier, on trouve, pour la parallaxe solaire moyenne, 8″,879, ou, en se bornant au chiffre des centièmes, 8″,88. Cette valeur diffère bien peu, comme on voit, du nombre 8″,86, auquel conduisent les déterminations de la vitesse de la lumière effectuées par MM. Foucault et Cornu, et qui est aussi la moyenne des valeurs déduites par M. Le Verrier de la théorie des perturbations planétaires (*). La valeur définitive ne pourra être conclue, bien entendu, que de l'ensemble des données astronomiques et photographiques recueillies par les diverses missions françaises et étrangères; mais ce premier résultat, si rapproché du nombre que les astronomes s'accordaient généralement à regarder comme le plus probable, est de nature à donner confiance dans le succès de la campagne scientifique à laquelle nos marins et nos astronomes ont pris une si large part.

Afin qu'on puisse juger du degré de précision du nombre 8″,879 rapporté ci-dessus, voici l'expression de la correction qu'il devrait subir par suite des erreurs inconnues dont les données du calcul pourraient être affectées.

(*) M. Cornu a remarqué que, si l'on adoptait, pour la constante de l'aberration, le nombre 20″,25 de Bradley au lieu du nombre 20″,445 de Struve, qui a généralement prévalu, la combinaison de cette constante avec la vitesse expérimentale de la lumière conduirait à une parallaxe précisément égale à 8″,88, et qu'on la retrouverait encore en employant, au lieu de la constante de l'aberration, l'équation de la lumière 473ˢ,2, déterminée par Delambre.

Soient a et b les corrections des heures de contact observées à Pékin, a' et b' celles des heures de contact observées à Saint-Paul, c et c' celles des longitudes admises pour les deux stations, ces six corrections étant exprimées en secondes de temps. L'auteur représente, en outre, par α le produit de l'excès de l'ascension droite de Vénus sur celle du Soleil par le cosinus de la déclinaison du Soleil, et désigne par β l'excès de la déclinaison de Vénus sur celle du Soleil. Ces nombres, α et β, calculés à l'aide des *Tables*, peuvent avoir besoin de corrections, dont il indique les valeurs (exprimées en secondes d'arc) par $\delta\alpha$ et $\delta\beta$; on doit les considérer comme constantes pendant la durée du passage. Cela posé, la valeur de la parallaxe solaire moyenne, conclue des observations précédentes, a pour expression

$$8'',879 - 0'',0059\,a + 0''0061\,b + 0'',0058\,a' - 0'',0056\,b'$$
$$- 0''0002\,c + 0'',0003\,c' + 0'',002\,\delta\alpha - 0'',009\,\delta\beta.$$

On voit que, à moins de supposer aux corrections inconnues a, b, a', etc., des grandeurs invraisemblables, l'influence de chacune d'elles en particulier sur le chiffre des centièmes de seconde de la parallaxe sera à peine sensible.

Le 28 juin 1875, M. Ch. André a présenté à l'Académie les résultats suivants pour la parallaxe déduite de la combinaison de l'observation de Nouméa avec celle de Saint-Paul :

1° 8",88 avec l'observation de M. Mouchez (8 pouces).
2° 8",82 avec l'observation de M. Turquet (6 pouces).

Les nombres trouvés aux trois lunettes de 4 pouces donnent une valeur très-divergente.

Un premier résultat, conclu des observations anglaises, a été présenté au parlement d'Angleterre au mois de juillet 1877. Ce rapport m'ayant été envoyé par l'astronome royal d'Angleterre (*), je me suis empressé d'en chercher le chiffre conclu pour la parallaxe et d'examiner sur quelles séries d'observations il est fondé. On y a employé toutes les *observations télescopiques* faites aux différentes stations choisies par l'Angleterre, mais non les photographies, qui n'étaient pas encore réduites à la date de ce rapport. Le chiffre de la parallaxe a été tiré de la combinaison des cinq stations suivantes : Honolulu (entrée accélérée), Nouvelle-Zélande (entrée légèrement retardée), Rodrigues et Kerguelen (entrée retardée), Égypte, Mokathan, Suez et Thèbes (entrée retardée), Rodrigue (entrée légèrement retardée), Kerguelen (entrée accélérée) :

Entrée.

B. Iles Sandwich...	6 observateurs.	Accélérée.	653ˢ
D. Nouv. Zélande...	1 »	Retardée.	44
C. Ile Rodrigues....	3 »	Retardée.	630
E. Ile Kerguelen....	3 »	Retardée.	717

Sortie.

A_1. Mokatthan et Suez	4 observateurs.	Retardée.	595
A_2. Thèbes.........	3 »	Retardée.	562
C. Ile Rodrigues....	3 »	Retardée.	82
E. Ile Kerguelen....	3 »	Accélérée.	316

(*) Navy, *Transit of Venus. Report by the Astronomer royal sir G.-B. Airy. Return to an order of the honourable the House of Commons.*

Signalons ici les données fondamentales. Voici les diverses valeurs de parallaxe conclues de la combinaison des stations deux à deux, avec les corrections qui résulteraient des erreurs de longitude (exprimées en secondes de temps), si les longitudes l_2, l_3, l_4, l_5 des stations B, C, D, E n'étaient pas absolument exactes. Le poids assigné à chaque valeur est proportionnel au facteur parallactique pour la combinaison de chaque paire de stations, multiplié par le produit du nombre des observations et divisé par leur somme. On ne s'est servi que du deuxième et du troisième contact, chacun étant partagé en trois phases. La première phase, α, du contact d'entrée est le moment où les cornes se rejoignent comme à travers un brouillard; la seconde, β, est l'instant où le brouillard s'éclaircit (c'est la plus sûre), et la troisième, γ, celui où le Soleil lui-même est aperçu comme une ligne brillante. Les phases inverses δ, ε, ζ signalent le contact de sortie.

Entrée.

Stations.	Phase.	Parallaxe.		Nombre d'obs.	Poids.
C — B	α...	8",683		3,2	0,762
	β...	8,758	$-0'',0070(l_2 - l_3)$	3,4	1,084
	γ...	8,782		3,4	1,085
E — B	α...	8,735		3,2	0,800
	β...	8,727	$-0,0066(l_2 - l_5)$	3,4	1,140
	γ...	8,736		3,4	1,140
D — B	β...	8,677	$-0,0122(l_2 - l_4)$	2,4	0,322
C — D	β...	8,868	$-0,0156(l_4 - l_3)$	3,2	0,217
E — D	β...	8,786	$-0,0138(l_4 - l_5)$	3,2	0,241

Sortie.

Stations.	Phase.	Parallaxe.		Nombre d'obs.	Poids.
C — A_1	δ...	8",837	$-0,0169\,l_3$	1,1	0,088
	ζ...	8,888		2,4	0,233
E — A_1	δ...	8,793	$-0,0097\,l_6$	1,1	0,151
	ζ...	8,883		1,4	0,081
C — A_2	δ...	8,407	$-0,0169\,l_3$	1,1	0,081
	ε...	8,684		3,1	0,123
	ζ...	8,933		2,3	0,197
E — A_2	δ...	8,550	$-0,0097\,l_6$	1,1	0,145
	ε...	8,875		2,1	0,195
	ζ...	8,908		1,3	0,073

Un poids triple a été attribué aux phases les plus sûres, β et ζ, et le résultat conclu pour la parallaxe a été :

Entrée....	8",739	Poids....	10,460
Sortie.....	8,847	»	2,533
Moyenne..	8,760	»	12,993

La station D n'a pas été comprise ici. Elle donne 8",764 ; poids 2,340. En attribuant un poids égal à chaque phase, on obtient :

Entrée (sans D)...	8",737 ± 0",014	Poids..	6,011
Sortie » ...	8,797 ± 0,030	..	1,367
Entrée (d'après D).	8,764 ± 0,040	..	0,780

Moyenne... $\begin{cases} 8,750 \pm 0,012 - 0'',0045\,l_2 + 0'',0015\,l_3 \\ \quad - 0'',004\ l_4 + 0'',0021\,l_6 \end{cases}$

Le chiffre le plus sûr est celui de la première moyenne, 8″,760.

Cette valeur est notablement inférieure à celle que nous attendions (8″,86 ±). Pourtant l'effet possible d'erreurs dans les longitudes n'est pas considérable. Si nous supposons qu'elles tendent toutes à accroître la parallaxe et à atteindre la valeur maximum 4 secondes, la parallaxe ne serait accrue que de 0″,035. Mais c'est là une supposition extrême. Il reste, il est vrai, à examiner l'effet possible des erreurs personnelles et de la dimension des instruments employés. Quoi qu'il en soit, c'est là le premier résultat conclu des expéditions anglaises.

Le colonel Tennant a adressé, de Calcutta, à l'Académie des Sciences de Paris un Rapport sur le passage de Vénus. Il mentionne dans ce Rapport (voir *Comptes rendus de l'Académie des Sciences* du 15 octobre 1877) qu'il a obtenu pour la parallaxe solaire le chiffre de 8″,93, dont le logarithme est 0,95085. Il ne dit pas par quelles combinaisons de stations ce chiffre a été obtenu.

XII.

COMPARAISON DES DIVERSES VALEURS OBTENUES POUR LE CHIFFRE DE LA DISTANCE DU SOLEIL.

Nous terminerons cette monographie par l'examen des diverses valeurs obtenues dans la détermination de la distance du Soleil.

Sans remonter aux Grecs, ni même à Copernic et Kepler, nous rappellerons d'abord que toutes les valeurs obtenues avant le passage de Vénus de 1769 étaient fondées sur des mesures insuffisantes et ne s'approchaient que par hasard de la réalité. Les observations du passage de 1761 lui-même n'avancèrent en rien la question, et les résultats en sont trop peu précis pour être rapportés ici (*). Celles de 1769 commencèrent à apporter quelque lumière dans cette question si importante. Les premiers calculs donnèrent les résultats suivants :

Euler..............	8",82
Hornsby............	8,78
Pingré.............	8,88
Le P. Hell.........	8,70
Lalande............	8,60

(*) *Voir* l'intéressant Ouvrage de M. E. Dubois, les *Passages de Vénus sur le disque solaire*. Paris, Gauthier-Villars, 1873.

Cette dernière valeur est même donnée par Lalande avec la plus entière assurance.

Dionis du Séjour, en discutant de nouveau les observations des passages de 1761 et 1769, et ne tenant compte que des observations complètes où la durée totale du phénomène avait été obtenue, trouve, pour la parallaxe du Soleil, 8″,85 (*Traité analytique des mouvements apparents des corps célestes*, t. I; Paris, 1786).

Laplace, en déterminant la valeur de l'équation parallactique de la Lune par la comparaison de sa théorie de la Lune avec les observations, trouve 8″,56 pour la parallaxe du Soleil (*Mécanique céleste*, t. III; Paris, 1802).

Delambre, par la discussion des observations du passage de 1769, trouve également pour cette parallaxe 8″,56 (*Astronomie théorique et pratique*, t. II; Paris, 1814).

La même discussion, étendue à la fois aux observations de 1761 et à celles de 1769, a été reprise avec un très-grand soin par Encke, qui en a conclu, pour la parallaxe du Soleil, une valeur de 8″,57 (*La distance de la Terre au Soleil déduite des passages de Vénus*; Gotha, 1822 et 1824).

Quelques années auparavant, Ferrer, par une discussion analogue, appliquée seulement au passage de 1769, avait trouvé, pour la parallaxe du Soleil, 8″,58, valeur qui, suivant lui, ne comporte pas une erreur de plus de 0″,03. Le Mémoire très-important qu'il a écrit sur ce sujet et qui est daté de Cadix, 29 décembre 1815, a été imprimé après sa mort, en 1832, dans les *Mémoires de la Société astronomique de Londres*.

L'identité, pour ainsi dire absolue, du résultat de Encke avec ceux de Laplace, Delambre et Ferrer, fit généralement admettre 8",57 comme étant la véritable valeur de la parallaxe du Soleil; mais, plus tard, de nouveaux doutes surgirent sur cette valeur.

Henderson ayant observé Mars en opposition, au Cap de Bonne-Espérance, en 1832, la comparaison de ses observations avec celles qui avaient été faites en même temps en Angleterre, fournit pour la parallaxe du Soleil une valeur de 9",12.

Hansen, dans une lettre adressée à l'astronome royal d'Angleterre, M. Airy, en novembre 1854, annonce que la comparaison de sa *Théorie de la Lune* aux observations lui a montré la nécessité d'augmenter la valeur de l'équation parallactique de cet astre, d'où résulte nécessairement une augmentation de la valeur adoptée pour la parallaxe du Soleil. Plus tard il fixe à 8",92 la valeur que ses recherches théoriques l'ont conduit à assigner à cette parallaxe.

M. Le Verrier, par la comparaison de la théorie du Soleil avec de nombreuses observations de cet astre, trouve que l'équation lunaire du Soleil a pour valeur 6",50; il en conclut pour la parallaxe du Soleil une valeur de 8",95 (*Annales de l'Observatoire*, t. IV; Paris, 1858).

Foucault, étant parvenu à mesurer directement la vitesse de la lumière par une remarquable expérience de laboratoire, en a conclu que, si l'on adopte 20",45 pour la valeur de l'aberration, il en résulte, pour la parallaxe du Soleil, une valeur de 8",86 (septembre 1862).

De nombreuses et importantes observations de Mars

en opposition ayant été effectuées de nouveau à l'instigation de M. Airy, lors de l'opposition de 1862, on en a déduit de nouvelles valeurs de la parallaxe du Soleil. Ainsi M. Stone, en comparant les observations faites à Greenwich (Angleterre) et à Williamstown (Australie), a trouvé 8″,93. D'un autre côté, M. Winnecke, par les observations faites à Pulkowa (Russie) et au Cap de Bonne-Espérance, a obtenu 8″,96.

M. Powalky, ayant repris, en 1864, la discussion des diverses données fournies par l'observation du passage de Vénus en 1769, a trouvé, par cette discussion, que la valeur la plus probable est 8″,86.

En 1867, M. Stone a tiré de l'inégalité parallactique du mouvement de la Lune, sur la comparaison de 2075 observations faites aux époques d'effet maximum, le chiffre 8″,85.

La même année, M. Newcomb a publié le résultat de la discussion qu'il a faite des observations de Mars en 1862, résultat qui conduit au chiffre 8″,86.

En 1872, M. Le Verrier a présenté à l'Académie un travail sur les masses des planètes, dans lequel il conclut de l'analyse des perturbations planétaires, par les latitudes de Vénus, 8″,853; par la discussion des observations méridiennes de Vénus dans un intervalle de 106 ans 8″,859; et par l'occultation de l'étoile ψ du Verseau par Mars, le 1er octobre 1672, le chiffre 8″,866; moyenne, 8″,860.

En 1874, le professeur Galle, directeur de l'Observatoire de Breslau, a publié dans les *Astronomische Nachrichten*, n° 2033, les résultats définitifs de la recherche de la parallaxe solaire par l'opposition de la petite planète Flore, en 1873, près de son périhélie. Des observations spéciales ont été faites aux observatoires de Bothkamp, Cap de Bonne-Espérance, Clinton (N.-Y.), Cordoba, Dublin, Leipzig, Lund, Melbourne, Moscou, Parsonstown, Washington et Upsal. Le résultat de la comparaison de la position de la planète avec 37 étoiles situées au nord et 36 étoiles situées au sud a donné, pour la parallaxe du Soleil,

$$8'',879 \pm 0'',0396.$$

Par une détermination nouvelle de la vitesse de la lumière faite en 1874 entre la terrasse de l'Observatoire de la tour de Montlhéry, M. Cornu a trouvé pour la valeur de la parallaxe 8″,882 avec la constante d'aberration de Bradley (20″,25) et 8″,798 avec celle de W. Struve (20″,445).

Pendant l'opposition de Junon, en 1877, en mesurant soir et matin l'angle de position et la distance de cette petite planète à diverses étoiles de comparaison, lord Lindsay a trouvé le chiffre 8″,77.

L'opposition de Mars, en 1877, a donné à M. Maxwell Hall le chiffre 8″,789.

Enfin, un travail général, publié en février 1878, sur toutes les stations anglaises du passage de Vénus, a donné 8″,88 à M. Stone, et un travail analogue (juin 1878) a donné 8″,85 à M. Tupman.

Nous avons donc, en définitive, l'ensemble déjà imposant des déterminations précises qui suivent sur cette valeur tant désirée de la parallaxe solaire, base de toute mesure astronomique.

Passage de Vénus, en 1769. Calculs immédiats.	Euler	8",82
	Hornsby	8,78
	Pingré	8,88
	Hell	8,70
	Lalande	8,60
Passage de Vénus, en 1769. Calculs postérieurs.	D. du Séjour, 1786	8",85
	Delambre, 1814	8,56
	Ferrer, 1815	8,58
	Encke, 1822	8,57
	Powalky, 1864	8,86
	Stone, 1868	8,91
Équation de la Lune.	Laplace, 1802	8,56
	Hansen, 1854	8,92
	Stone, 1867	8,85
Oppositions de Mars.	Henderson, 1832	9,12
	Liais, 1862	8,76
	Stone, 1862	8,93 *
	Winnecke, 1862	8,96
	Newcomb, 1862	8,86
Opposition de Flore.	Galle, 1874	8,88 *
Vitesse de la lumière	Foucault, 1862 (20",445)	8,86 *
	Cornu, 1874 (20",445)	8,80 *
	Id. (20",25)	8,88
Théorie du Soleil.	Le Verrier, 1858	8,95
Masses des planètes.	Le Verrier, 1872	8,86 *
Passage de Vénus, en 1874.	Puiseux, 1875 (2 stations)	8,88
	André, 1875 (2 stations)	8,88
	Airy, 1877 (toutes stat. angl.)	8,76
	Tennant, 1877 (2 stations)	8,93
	Stone, 1878 (toutes stat. angl.)	8,88
	Tupman, 1878 (toutes stations anglaises)	8,85

Opposit. de Junon, en 1877.	Lord Lindsay	8",77
Opposition de Mars, en 1877.	Maxwell Hall	8,79

Les différences de ces chiffres nous montrent que ce n'est pas seulement le centième qui est en discussion, mais même le dixième. Elles nous invitent à conclure (entre nous, et avouons-le tout bas) que certains astronomes qui s'occupent plus des détails que de la synthèse ont quelquefois tort d'afficher trop de prétentions. L'Astronomie n'est la plus exacte des sciences qu'à la condition de rester elle-même dans les limites prescrites à la nature des choses.

Il semble donc qu'en définitive le meilleur moyen que nous ayons de nous approcher autant que possible du chiffre exact de la parallaxe du Soleil, ce serait encore, tout simplement, d'examiner avec soin la petite liste qui précède, d'assigner un poids double aux valeurs qui paraissent dignes d'une attention spéciale, soit par l'ensemble des documents utilisés, soit par la précision des méthodes employées (je les ai marquées d'un astérisque), et de prendre la moyenne de tous ces résultats. On trouve ainsi, pour la valeur la plus approchée de la parallaxe du Soleil, dans l'état actuel de nos connaissances, le chiffre

8",83.

D'où il résulte que le diamètre de la Terre vu du Soleil est de 17",66; que le Soleil plane à 23380 fois le demi-diamètre de la Terre, c'est-à-dire que sa distance moyenne est de 148840000 kilomètres, à cinq centièmes près, plus ou moins. L'incertitude est encore de 7 millions de kilomètres environ, et tout ce que l'on peut affirmer avec certitude, c'est que cette distance est comprise entre 145 et 152 millions. C'est du reste là, hâtons-nous de le constater pour les sceptiques du monde, une précision tout aussi grande que celle dont ils sont satisfaits dans les affaires générales de la vie usuelle.

Le passage de Vénus en 1882 augmentera sans doute encore cette précision. La mesure exacte du système du monde et de la région de l'infini dans laquelle nous vivons sera le prix des efforts réunis de plusieurs siècles.

MÉDAILLE COMMÉMORATIVE DU PASSAGE DE VÉNUS SUR LE SOLEIL,

Frappée par l'Institut de France en 1876.

LISTE DES OBSERVATOIRES.

(Décembre 1877.)

			Latitude.	Longitude.	Altitude du sol.	Directeurs ou propriétaires.
		France.				
			° ′ ″	h m s	m	
1.	Paris.	Observatoire national...	48.50.11	0. 0. 0	60	Le Verrier.
2.	»	(Montsouris).Obs. météorologique et physique.	48.49.18	0. 0. 0	64	Marié-Davy.
3.	»	Observatoire du Bureau des Longitudes.......	48.49.18	0. 0. 0	64	Mouchez.
4.	»	(Meudon). Obs. d'Astronomie physique......	48.48	+0. 0.26	120	Janssen.

1. L'Observatoire de Paris a été fondé par l'Académie des Sciences en 1667. Ses principaux

instruments sont deux grands cercles méridiens, de 25 et 30 centimètres d'ouverture, un équatorial de 38 centimètres, un de 32, deux de 24 et un de 11, mus par des mouvements d'horlogerie ; les mieux construits sont celui de 32 centimètres (tour de l'est) et celui de 11 centimètres (Gambey). Ajoutons le grand télescope de $1^m,20$ terminé en 1876 ; mais il n'est pas excellent. Le personnel se compose d'un directeur, de 6 astronomes titulaires, de 6 astronomes adjoints et d'aides astronomes, calculateurs, etc. M. Le Verrier est mort le 23 septembre 1877.

2. L'Observatoire de Montsouris a été fondé en 1868. Il est consacré à la Météorologie et à la Physique du globe, et n'a pas d'instruments d'Astronomie.

3. L'Observatoire du Bureau des Longitudes a été fondé en 1875, également à Montsouris. C'est surtout une école d'Astronomie pour les officiers de marine. Ses principaux instruments sont un équatorial de 21 centimètres, un de 16, un cercle méridien et une lunette photographique.

4. L'Observatoire de Meudon a été fondé en 1875, sur l'emplacement de l'ancien château en partie détruit par la guerre de 1870-71. Il est consacré à l'Astronomie physique. Ses principaux instruments sont un équatorial de 32 centimètres avec mouvement, un de 21 centimètres, un de 16 centimètres, une lunette photographique donnant des images du Soleil de 30 centimètres de diamètre.

Ces quatre observatoires sont soutenus par l'État.

	Latitude.	Longitude.	Altitude du sol.	Directeurs ou propriétaires.
5. Paris. (Luxembourg). Observ. pour les étoiles filantes.	48°.50'.55"	h m s 0. 0. 0	52	Chapelas.
6. » (avenue de l'Observatoire). Obs. particulier.	48.50.14	0. 0. 0	60	Flammarion.
7. » (place Saint-Georges). Obs. particulier......	48.52.40	—0. 0. 2	50	Barnout.
8. » (buttes Chaumont). Obs. particulier...........	48.52.39	—0. 0. 8	98	Tremeschini.
9. » (bois de Boulogne). Obs. particulier...........	48.51.38	+0. 0.17	53	Le Roux.

5. L'Observatoire du palais du Luxembourg a été fondé pour faciliter les observations de Coulvier-Gravier sur les étoiles filantes. Cet observateur est mort en 1867. Son gendre, M. Chapelas, a hérité du logement et du traitement, et observe aussi quelquefois. Les observations se font à l'œil nu, sur le toit ; il n'y a pas d'instrument.

6. Mon observatoire, fondé en 1865, près du Panthéon, a été transféré, en 1871, avenue de l'Observatoire. Installation provisoire. Il se compose principalement d'un télescope Foucault de

20 centimètres, d'une lunette de 11 centimètres et d'un petit chercheur de 8 centimètres. C'est avec ces instruments que j'ai fait mes recherches d'Astronomie physique : variations de l'aspect de Jupiter, variations périodiques d'éclat de ses satellites, dessins de Jupiter, géographie de Mars, sélénographie, taches solaires, occultations, éclipses, couleurs des étoiles doubles, etc. Mes mesures micrométriques sont prises au grand équatorial de 38 centimètres de l'Observatoire, obligeamment mis à ma disposition par M. Le Verrier.

7. Je me fais un plaisir de remarquer ici que MM. Barnout et Tremeschini sont mes plus anciens élèves. Le premier s'est fait construire en 1866 un télescope Foucault de 16 centimètres, à l'aide duquel il a formé une liste des principales étoiles doubles, nébuleuses et objets d'étude populaire, un magnifique album de dessins des taches solaires, etc.

8. M. Tremeschini s'est établi à Belville, en 1867, un observatoire d'où il a observé le passage de Mercure de 1868, et où, depuis, il s'est principalement occupé des taches du Soleil. Il a deux petits équatoriaux de 5 et 8 centimètres. On connaît ses ingénieux appareils d'Astronomie populaire et de Physique.

9. L'Observatoire de M. Le Roux de Villars, ancien officier de marine, a été fondé en 1876. Il se compose principalement d'un petit cercle méridien de Brünner, donnant les 2 secondes, avec micromètre à fil mobile et six fils fixes, et d'un télescope Foucault de 16 centimètres monté équatorialement. Chronomètres, compteurs, etc. Observatoire particulier organisé avec un soin qui fait le plus grand honneur à son propriétaire.

	Latitude.	Longitude.	Altitude du sol.	Directeurs ou propriétaires.
	° ′ ″	h m s		
10. Marseille.	43.18.17	−0.12.14	30	Stéphan.
11. Toulouse.	43.36.47	+0. 3.30	194	Tisserand.
12. Lyon.	45.45.45	−0. 9.57	250	André.
13. Orgères (Eure-et-Loir). Observatoire particulier.	48. 8.55	+0. 2.35	143	Lescarbault.
14. Rochefort. Observ. particulier.	45.56.15	+0.13. 8	21	Courbebaisse.
15. Fontenay (Calvados). Obs. part.	49.10	+0.10.45	50	Le Hardelay.

10. L'Observatoire de Marseille, réorganisé en 1869 et installé dans le nouvel édifice du plateau de Longchamps, compte parmi ses instruments le télescope de 80 centimètres, construit par Foucault, excellent instrument, qui a surtout été appliqué à la recherche de nébuleuses nouvelles; une lunette méridienne, et des équatoriaux qui ont servi à la découverte de plusieurs comètes et de plusieurs petites planètes.

11. L'Observatoire de Toulouse, réorganisé en 1874, est, comme le précédent, entretenu à frais communs par l'État et par la ville. Il a un télescope Foucault de 80 centimètres, construit

en 1875, un de 40 centimètres, une lunette méridienne et des équatoriaux. Plusieurs planètes et comètes y ont été découvertes.

12. L'Observatoire de Lyon a été fondé cette année 1877. Ses principaux instruments sont un cercle méridien de 16 centimètres d'ouverture, un équatorial photographique de 16 centimètres, un équatorial astronomique de 16 centimètres. Il est entretenu à frais communs par l'État, la ville et le département, et appartient à l'Université.

13. L'Observatoire du Dr Lescarbault vient d'être transféré de sa maison dans un bâtiment spécial, isolé, avec coupole, salle, terrasses, etc. Mon excellent et vieil ami a cru voir en 1859, comme on s'en souvient, une petite planète passant devant le Soleil, la planète théorique de M. Le Verrier, qui fut dès lors appelée Vulcain. Le laborieux astronome d'Orgères a fait d'intéressantes observations sur le Soleil et la lumière zodiacale. Il a une lunette de 13 centimètres, une de 11, un télescope Foucault de 20 centimètres, et une petite lunette méridienne.

14. M. Courbebaisse s'est principalement occupé des étoiles variables. C'est lui qui a le premier remarqué en France l'étoile nouvelle de la Couronne en 1866. Il se sert principalement d'une lunette de 11 centimètres.

15. A Fontenay-le-Marmion, par May-sur-Orne, à 10 kilomètres de Caen, M. Le Hardelay se livre depuis 1867 à l'examen des principales curiosités du ciel, à l'aide d'une lunette de 16 centimètres, munie de huit oculaires. Les principales étoiles doubles et nébuleuses ont été l'objet de ses observations, et on lui doit de beaux dessins coloriés de Saturne, Jupiter et Mars.

	Latitude.	Longitude.	Altitude du sol.	Directeurs ou propriétaires.
	° ′ ″	h m s		
16. Boulogne-sur-Mer. Obs. part...	50.44	+0. 2.54	60	De Crèvecœur.
17. Puy-de-Dôme (météorologique).	45.46.22	—0. 2.31	1460	Alluard.
18. Pic du Midi (météorologique)...	42.56.17	—0. 8.47	2366	De Nansouty.
19. Delle (Haut-Rhin). Obs. part...	47.38	—0.18	400	Lamey.
Algérie.				
20. Alger........................	36.47.20	—0. 3. 2	35	Bulard.

16. En 1869, M. Boucher de Crèvecœur a installé un observatoire sur le faîte de son hôtel. Il a trois lunettes, de 16, 11 et 10 centimètres, et s'occupe surtout de la topographie de la Lune, à laquelle il a ajouté d'intéressants détails, publiés dans le *Journal du Ciel* de M. Vinot.

17. La fondation théorique de cet observatoire date de 1869, année où le projet fut présenté par M. Alluard à M. Duruy et accepté par le Ministre. La guerre de 1870 en arrêta la réalisation. Mais, en 1871, l'Assemblée nationale vota cent mille francs pour sa réalisation, et en 1872 il était entièrement installé. Cette station supérieure est uniquement consacrée à la Météorologie. Elle est reliée télégraphiquement à Clermont.

18. Sous la direction du général de Nansouty, la Société Ramond a commencé, en 1873, l'organisation de cet observatoire météorologique. Grâce à la passion scientifique et à la persévérance de M. de Nansouty, cette station importante est aujourd'hui installée dans des conditions aussi bonnes que possible pour l'observation des phénomènes de l'atmosphère. Elle est réunie télégraphiquement à Bagnères-de-Bigorre.

19. M. l'abbé Lamey, professeur au collége des PP. bénédictins, à Delle (Haut-Rhin), a un équatorial de 11 centimètres, un sidérostat dont le miroir a 28 centimètres de diamètre avec une lunette de 11 centimètres, des micromètres, une pendule astronomique, etc. On lui doit des observations nombreuses sur la Lune et sur les planètes. Son observatoire n'est pas encore organisé.

20. Il est étrange qu'il n'y ait qu'un seul observatoire sous le beau ciel d'Algérie, et que cet observatoire soit plutôt consacré à la Météorologie qu'à l'Astronomie.

Nous pourrions signaler encore en France d'autres observateurs libres, entre autres MM. le colonel Laussedat, à Paris et à Iscure près Moulins; d'Abbadie, à Hendaye (Basses-Pyrénées); Cornu, à Paris et à Courtenay (Loiret); l'abbé Séguin, à Annonay; Bothkine, au Havre; le colonel de Coisnard, à Dijon; H. Courtois, au château de Muges, près Aiguillon (Lot-et-Garonne); l'évêque de Digne; Lebreton, curé de Sainte-Honorine-du-Fay; E. Duval, à Saint-Jouin (Seine-Inférieure); Dauzat, opticien à Saintes. Mais n'est-ce point par centaines, n'est-ce point par milliers, que les observateurs du ciel devraient se compter, lorsqu'on songe à l'intérêt et à l'importance de ces études pour tout homme qui pense?

Belgique.

			Latitude.	Longitude.	Altitude du sol.	Directeurs ou propriétaires.
			° ′ ″	h m s		
21.	Bruxelles.	Observatoire royal...	50.51.11	—0. 8. 8	56	Houzeau.
22.	Anvers.	Observ. particulier ...	51.12.28	—0. 8.18	7	Ad. de Boë.
23.	Gand.	id. ...	51. 2.57	—0. 5.32	21	Neyt.
24.	Gand.	id. ...	51. 3.12	—0. 5.28	10	Van Monckhoven.
25.	Louvain.	id. ...	50.52.40	—0. 9.30	35	F. Terby.
26.	Schaerbeck.	id. ...	50.51.48	—0. 8. 8	36	Ch. Montigny.

21. Les altitudes du sol des observatoires de Belgique sont comptées au-dessus du niveau moyen des *basses eaux*, à Ostende. — L'Observatoire royal de Bruxelles a été fondé en 1824. Ses principaux instruments sont une lunette méridienne de Gambey, un cercle mural de Throughton et Simms et deux équatoriaux de 24 centimètres. On y fait surtout des observations méridiennes. De nouveaux instruments sont actuellement en construction.

22. On doit à M. de Boë la fondation du premier observatoire privé en Belgique, en 1864. Il

se compose principalement d'un équatorial de 16 centimètres avec mouvement d'horlogerie, monté sous dôme tournant, et d'un petit cercle méridien divisé de 5 en 5 minutes dont la lunette a 65 millimètres d'ouverture; micromètres, spectroscopes, horloge sidérale, etc. M. de Boë a fait de nombreuses observations d'étoiles.

23. M. Neyt s'est installé à Gand, en 1866, un observatoire muni de plusieurs instruments, entre autres d'un bon télescope Foucault de 40 centimètres. Il a pris de belles photographies de la Lune, et même de Jupiter, de Saturne et de Mars.

24. Le principal instrument de l'observatoire du Docteur Van Monckhoven est un équatorial de 16 centimètres à latitude variable, avec mouvement. Micromètre, spectroscopes et photohéliographe. Lunette méridienne et pendule sidérale. Observation suivie des taches et des protubérances solaires.

25. Cet observatoire se compose principalement d'une lunette de 9 centimètres d'ouverture, à l'aide de laquelle M. Terby a fait de nombreux dessins de la planète Mars et de Jupiter.

26. A Schaerbeck, près Bruxelles, M. Montigny s'occupe principalement de l'étude de la scintillation des étoiles. Petites lunettes de 8 et 9 centimètres et observations à l'œil nu.

	Latitude.	Longitude.	Altitude du sol.	Directeurs ou propriétaires.
	° ′ ″	h m s		
27. Aertselaer. Observ. particulier..	51. 8.20	—0. 8. 6	15	Van Ertborn.
28. Malines. id. ..	51. 1.21	—0. 8.34	8	G. Bernaerts.

Angleterre.

	Latitude.	Longitude.	Altitude du sol.	Directeurs ou propriétaires.
29. Londres. Observatoire royal de Greenwich........	51.28.38	+0. 9.21	47	G. B. Airy.
30. » (Kew). Observatoire météorologique	51.28.6	+0.10.36	11	G. M. Whipple.
31. » (Tulse-Hill). Observatoire particulier....	51.26.47	+0. 9.48	51	Huggins.

27. Au château du Solhof, à 10 kilomètres sud d'Anvers ; fondé en 1875 ; équatorial de 11 centimètres monté sous coupole tournante, mouvement d'horlogerie, micromètres, oculaire prismatique à réflexion totale, spectroscope, lunette méridienne. Observation de planètes.

28. M. Bernaerts dispose d'une lunette de 9 centimètres montée équatorialement et munie d'un micromètre, et a fait de nombreux dessins des taches solaires.

29. L'Observatoire royal d'Angleterre a été fondé en 1675. Ses principaux instruments sont un cercle méridien de 22 centimètres d'ouverture et de $3^m,90$ de distance focale, un équatorial de 32 centimètres et de $5^m,60$ de foyer, monté sous un dôme tournant de 10 mètres de diamètre, un altazimut, un photohéliographe, des télescopes et diverses lunettes. Son but fondamental, comme celui de l'Observatoire de Paris, est l'observation constante des astres à leur passage au méridien. Ses catalogues d'étoiles sont de la plus haute valeur.

30. L'Observatoire de Kew, fondé en 1842, dépend de l'Association britannique pour l'avancement des Sciences et de la Société royale de Londres ; c'est l'Observatoire météorologique central d'Angleterre. On y a fait néanmoins de l'Astronomie physique, notamment dix années (1862-1872) de photographie quotidienne du Soleil, sous la direction de M. Warren de la Rue.

31. M. Huggins a fondé son observatoire en 1856, et l'a successivement développé pour l'étude spectrale des astres. Son principal instrument est un magnifique équatorial de 40 centimètres construit aux frais de la Société royale, et confié à l'éminent observateur pour toute sa vie. Analyse spectrale des étoiles, des planètes et des comètes ; mouvement des étoiles dans le sens du rayon visuel, etc.

	Latitude.	Longitude.	Altitude du sol.	Directeurs ou propriétaires.
32. Londres. (Leyton). Observatoire particulier	51°.34′.34″	+0h. 9m.22s	29	Barclay.
33. » (Jersey Lodge, Norwood S.-E.). Observ. partic.	51.29.13	+0.14.19	45	Buckingham.
34. » (Twickenham). Observatoire particulier...	51.27. 4	+0.10.34		G. Bishop.
35. » (Woodcroft). Observatoire particulier.....	51. 0.41	+0. 9.55	120	Knott.
36. Édimbourg. Observatoire royal...	55.57.23	+0.22. 4	71	Piazzi Smyth.
37. Dublin. Observatoire royal...	53.23.13	+0.34.41	100	C.-E. Burton.

32. M. Barclay a fondé son observatoire en 1854. Il s'est attaché successivement pour astronomes observateurs MM. Romberg et Talmage, qui ont surtout fait des observations d'étoiles doubles, de petites planètes et de comètes. L'instrument principal est un équatorial de 25 centimètres.

33. L'Observatoire de M. Buckingham, fondé également à Londres, en 1867, a de beaux

instruments, parmi lesquels un grand équatorial de 50 centimètres d'ouverture et un de 24 centimètres. On s'y occupe surtout d'Astronomie physique.

34. Le père de M. George Bishop avait fondé en 1833, à sa résidence de South Villa (Londres), l'un des premiers observatoires privés d'Angleterre. En 1862, après la mort de son père, M. George Bishop transféra l'Observatoire à Twickenham, et s'attacha M. W.-E. Plummer comme observateur. On s'y occupe un peu de tout. Le principal instrument est un équatorial de 18 centimètres. Mais cet Observatoire va disparaître, M. Bishop transportant sa résidence à Naples.

35. En 1861, M. Knott installa dans sa résidence de Woodcroft, près de Londres, un équatorial de 18 centimètres, qui avait appartenu à l'éminent observateur Dawes, et depuis cette époque il a pris de bonnes mesures d'étoiles doubles et fait d'intéressantes observations d'étoiles variables.

36. L'Observatoire d'Édimbourg est sous la dépendance du Gouvernement anglais, et son directeur porte le titre d'Astronome royal; mais son budget est assez médiocre. Il a été fondé en 1816. On y fait de l'Astronomie et de la Météorologie. Il possède plusieurs instruments anciens, et un canon nouveau qui tonne l'heure aux bourgeois d'Édimbourg (à $1^h 0^m 0^s$) et aux navires.

37. L'Observatoire de Dublin, fondé en 1774, est dans le même cas que le précédent, mais mieux outillé, grâce à M. Brünnow, le dernier directeur. Son principal instrument est une lunette de Cauchoix de 32 centimètres, montée équatorialement et placée sous un dôme tournant qui a servi à prendre des mesures d'étoiles doubles et des parallaxes.

		Latitude.	Longitude.	Altitude. du sol.	Directeurs ou propriétaires.
		° ′ ″	h m s		
38. Cambridge.	Observ. de l'Université	52.12.52	+0. 8.58	28	Adams.
39. Oxford.	Observatoire de Radcliffe	51.45.36	+0.14.23		R. Main.
40. Oxford.	Observ. de l'Université	51.45	+0.14		Pritchard.
41. Durham.	Observ. de l'Université	54.46. 6	+0.15.40		G. A. Goldney.
42. Liverpool.	Observ. municipal	53.24. 4	+0.21.38	66	Hartnup.

38. Fondé en 1820 par le sénat de l'Université de Cambridge, cet observatoire est principalement consacré aux observations méridiennes. Le duc de Northumberland lui a fait don en 1838 d'un grand équatorial de 32 centimètres, et Miss Scheepshanks a donné en 1868 un cercle méridien de 21 centimètres. Zones d'étoiles et cartes.

39. Fondé en 1771 sur un terrain donné par le duc de Malborough et à l'aide d'un legs

du Dr Radcliffe, cet Observatoire compte parmi ses instruments actuels un cercle méridien de 13 centimètres et un héliomètre dont l'objectif divisé mesure 18 centimètres de diamètre. Le premier sert aux observations méridiennes, et le second aux mesures d'étoiles doubles. Ces observations sont publiées régulièrement tous les ans. On doit à cet établissement de précieux catalogues d'étoiles.

40. Cet observatoire, de date toute récente, 1873, appartient à l'Université. Il est principalement consacré à l'Astronomie physique. M. Warren de la Rue, auquel sa vue fatiguée interdit la continuation de ses beaux travaux, a légué ses instruments à cet établissement, notamment son télescope newtonien de 34 centimètres de diamètre.

41. Fondé en 1840 par l'Université de Durham, cet Observatoire lui appartient. On s'y occupe surtout des planètes et des comètes. Ses principaux instruments sont un équatorial de Fraunhofer avec micromètres et spectroscopes, un télescope Gregory et un petit cercle méridien.

42. En 1840, la cité de Liverpool, dont le commerce maritime s'agrandissait avec rapidité, fit construire un Observatoire principalement destiné à régler les chronomètres des navires. En 1867, l'extension du port obligea à transférer l'Observatoire du Waterloo-Dock à Bidston, Birkenhead, station à 3 milles à l'ouest de l'ancienne et à 66 mètres d'altitude. On y fait peu d'Astronomie.

		Latitude.	Longitude.	Altitude du sol.	Directeurs ou propriétaires.
		° ′ ″	h m s		
43. Liverpool.	(Ray Lodge, Maidenhead). Obs. part..	53.24	+0.21		Lassell.
44. Glascow.	Obs. universitaire...	55.52.43	+0.26.32	60	Grant.
45. Armagh.	Observ. ecclésiastique	54.21.13	+0.35.56		T. R. Robinson.
46. Birr Castle.	Observ. particulier..	53. 5.47	+0.41. 1	60	Lord Rosse.
47. Stonyhurst.	Observ. particulier..	53.30.40	+0.19.14		S. Perry.

43. M. W. Lassell, riche brasseur de Liverpool, animé pour l'Astronomie de l'amour dont elle est digne, se construisit lui-même, en 1838, un télescope de 24 centimètres et fit bâtir près de la cité un Observatoire auquel il donna le nom symbolique de *Starfield* (champ des étoiles). En 1845, il construisit un nouveau télescope de 65 centimètres, à l'aide duquel il découvrit bientôt le satellite de Neptune, le huitième satellite de Saturne et les deux premiers d'Uranus. En 1860, il construisit son fameux télescope de $1^{m},22$ et de $11^{m},40$ de foyer qui, transporté sous le ciel de Malte, révéla 600 nébuleuses nouvelles. Les fumées de Liverpool l'obligèrent à transférer son observatoire 2 milles plus loin, à Bradstones.

44. L'Observatoire de Glascow a été fondé en 1840, à l'aide d'une souscription publique, d'un

subside de l'Université et d'un secours de l'État. Ses principaux instruments sont un équatorial de 24 centimètres, un cercle méridien analogue à celui de Greenwich et un télescope dont le miroir a 15 pieds de distance focale. On y fait surtout des observations méridiennes et de la Météorologie.

45. En 1792, l'archevêque d'Armagh (Robinson) fonda cet Observatoire, qui est resté sous la dépendance de l'église d'Irlande. Son principal instrument est un cercle mural muni d'une lunette de 18 centimètres. On doit à cet établissement de nombreuses observations méridiennes et un excellent catalogue d'étoiles.

46. Tout le monde connait les télescopes de lord Rosse et ses magnifiques découvertes sur les nébuleuses. L'illustre lord est mort en 1867 ; mais son fils continue la tradition qui lui a été léguée, et a obtenu d'intéressants résultats sur la nébuleuse d'Orion, la chaleur lunaire, les variations d'aspect de Jupiter. Le grand télescope mesure $1^m,82$ de diamètre et $16^m,61$ de longueur.

47. L'Observatoire de Stonyhurst (à 28 kilomètres sud-est de Lancastre), fondé par les jésuites en 1838, s'occupe à la fois d'Astronomie, de Physique et de Météorologie ; ses principaux instruments sont un petit équatorial et un télescope Cassegrain, munis l'un et l'autre de spectroscopes. Le Soleil, la Lune, les planètes, les comètes, les étoiles doubles, le magnétisme terrestre sont autant de sujets d'étude de ses astronomes.

	Latitude.	Longitude.		Directeurs ou propriétaires.
	° ′ ″	h m s		
48. Tarn Bank, Cumberland. Observatoire particulier.	54.39.14	+0.23. 5		Fletcher.
49. Crumpsall, près Manchester. Observ. particulier...	53.30.50	+0.18.17		Worthington.
50. Markree Castle, Irlande. Observatoire particulier.	54.10.32	+0.43. 9	44	Doberck.
51. Cardington, près Bedford........	51. 8.49	+0.11. 0	36	S.-C. Whitbread.
52. Forest Lodge. Maresfield (Sussex).	51. 0.56	+0. 9. 2	75	Cap. Noble.
53. Tunbridge (Wells)............	51. 3.14	+0. 8.43	248	Prince.
54. West Hendon House (Sunderland).	54.53.48	+0.14.52	47	J.-W. Backouse.

48. M. Isaac Fletcher a fondé son observatoire en 1848, principalement dans le but de prendre les mesures micrométriques des étoiles du Celestial Cycle de l'amiral Smyth. Il s'est servi pour cela, jusqu'en 1864, d'un excellent équatorial de 11 centimètres admirablement monté et, depuis, d'un équatorial de 25 centimètres.

49. Le propriétaire de cet Observatoire s'est attaché depuis sa fondation (1848) M. Baxendell

comme astronome observateur, et celui-ci a fait d'intéressantes observations sur les étoiles variables. Télescope newtonien de 32 centimètres et lunette de 13 centimètres.

50. J. Edwards Cooper, riche seigneur irlandais, fonda cet observatoire en 18[illegible]6, et depuis cette année jusqu'en 1856 on y fit 72 000 observations d'étoiles qui ont été cataloguées et publiées par les soins de la Société royale de Londres. Le principal instrument est un équatorial de Cauchoix, de 35 centimètres. Le fondateur de cet Observatoire est mort; mais, depuis 1874, M. Doberck a restauré les instruments et y travaille.

51. L'Observatoire de Cardington a été fondé en 1854, non loin de celui que les travaux de l'amiral Smyth illustraient depuis 20 ans. On y a fait des observations d'occultations de petites planètes et de comètes.

52. L'Observatoire du capitaine Noble a été fondé en 1857. Il se compose principalement d'un équatorial de 4 pouces et d'une lunette méridienne de 2 $\frac{3}{4}$ pouces. On y observe surtout les occultations et les éclipses.

53. Cet Observatoire a été fondé en même temps que le précédent, et dans la même localité, puis transporté en 1872 où il est aujourd'hui. Il se compose principalement d'un équatorial de 7 pouces et d'une lunette méridienne de 2 pouces. Son but est le même que celui du précédent.

54. Fondé en 1862, cet Observatoire a surtout pour objet la spectroscopie céleste, et son instrument principal est une lunette de 4 $\frac{1}{2}$ pouces.

	Latitude.	Longitude.	Altitude du sol.	Directeurs ou propriétaires.
	° ′ ″	h m s		
55. Hardwick Vicarage............	52. 5.20	+0.21.38	100	J.-W. Webb.
56. St-Mary's Bedford..............	52. 8. 4	+0.11.11	30	T.-G.-E. Elger.
57. Millbrook Tuam (Irlande).......	53.37.44	+0.44.52	62	Birmingham.
58. Northfield frange. Eatsbourne (Sussex)...................	50.46.22	+0. 8. 5	40	Chambers.
59. Ashley Down (Bristol)..........	51.27	+0.19.40	60	Denning.
60. Sherrington, Bray (Irlande).....	53.13.25	+0.24.30	33	Wentworth Erck.
61. Preston. Brighton..............	50.49.30	+0. 9.53	20	H. Pratt.
62. Forest Row (Sussex)..........	51. 5.10	+0. 9.13	125	H.-J. Slack.
63. Upton helion Rectory. Crediton..	50.48.49	+0.24.14	»	S.-J. Johnson.

55. Le Rév. J.-W. Webb a depuis 1866 un Observatoire composé principalement d'un télescope newtonien de $9\frac{1}{4}$ pouces, avec lequel il a vérifié et décrit les principales curiosités du firmament.

56. Cet Observatoire, fondé en 1866, se compose principalement d'une lunette de 4 pouces par Cook d'York, d'une de Dollond de $2\frac{1}{4}$ pouces, et d'un altazimut.

57. Depuis 1866, M. Birmingham a fait à cet Observatoire d'excellentes observations sur les étoiles variables et les étoiles filantes, et récemment sur les étoiles rouges. L'instrument dont il se sert est une petite lunette de $4\frac{1}{2}$ pouces.

58. L'écrivain populaire qui possède cet observatoire l'a fondé en 1866, dans le but général de reviser de lui-même les principales curiosités du ciel. Équatorial de 4 pouces.

59. M. Denning s'occupe surtout des étoiles filantes. Son Observatoire, fondé en 1867, possède un télescope de Browning de $10\frac{1}{4}$ pouces.

60. M. Erck se sert pour ses observations d'une lunette d'Alvan Clarck de $7\frac{1}{2}$ pouces montée en équatorial. Il s'occupe principalement des planètes.

61. Fondé en 1868, cet Observatoire a surtout pour objet l'observation des planètes. Il se compose principalement d'un télescope de 8 pouces.

62. Cet Observatoire, fondé en 1870, a pour instrument principal un télescope de $6\frac{1}{4}$ pouces. Cet observateur s'occupe un peu de tout ce qui intéresse l'astronome amateur.

63. Fondé également en 1870, cet Observatoire se compose principalement d'une lunette de $4\frac{1}{2}$ pouces et paraît être dans le même cas que le précédent.

	Latitude.	Longitude.		Directeurs ou propriétaires.
	° ′ ″	h m s		
64. Dun Echt (Écosse)............	57. 9.36	+0.19. 1	140	Lord Lindsay.
65. Rugby......................	52.22. 5	+0.14.23		Wilson et Seabroke.
66. Bermerside. Halifax............	53.42. 9	+0.16.48	150	Sir E. Crossley.
67. Gateshead, près Newcastle.....	54.56.40	+0.15.47	625	Newall.
68. Leicester......................	52.39	+0.13.52	70	W.-S. Franks.
69. Orwell Park (Ipswich).........	52. 0.33	+0. 4.25	»	Colonel Tomline.

64. Comme son collègue lord Rosse, lord Lindsay consacre une partie de sa fortune aux progrès de l'Astronomie. Son Observatoire a été fondé en 1870, principalement dans le but d'observer les phénomènes des satellites de Jupiter. Ses principaux instruments sont un cercle méridien de 21 centimètres, un équatorial de 40 centimètres, et un sidérostat dont le miroir a 40 centimètres de diamètre. On sait que lord Lindsay a équipé à ses frais (400000 francs) une mission qui l'a accompagné pour observer le dernier passage de Vénus.

65. L'Observatoire de l'École de Rugby, fondé en 1870, est principalement destiné à l'édu-

cation astronomique des étudiants. MM. Wilson et Seabroke y ont fait néanmoins d'excellentes observations d'étoiles doubles. Le principal instrument est un équatorial de 8 $\frac{1}{4}$ pouces d'Alvan Clarck, ayant appartenu à Dawes.

66. L'Observatoire de sir E. Crossley, fondé en 1871, a pour astronome principal M. J. Gledhill, qui s'est spécialement consacré à l'étude des étoiles doubles et a fait, en correspondance avec M. Wilson et avec moi-même, d'excellentes mesures. L'instrument dont il se sert est un équatorial de 9 $\frac{1}{3}$ pouces de Cook.

67. M. Newall, fabricant de câbles sous-marins, a installé en 1871, dans sa résidence de Gateshead, la plus puissante lunette de l'Europe (63 centimètres de diamètre et 9 mètres de longueur; le poids total de l'instrument est de 9144 kilogrammes; il est entraîné par un mouvement d'horlogerie d'une uniformité remarquable). Cette magnifique lunette n'a encore servi, que nous sachions, qu'à l'observation de la comète de 1874.

68. L'Observatoire de M. Franks, fondé en 1873 se compose principalement d'un équatorial de 5 pouces et d'un télescope à verre argenté de 11 $\frac{1}{4}$ pouces. Cet observateur paraît s'occuper spécialement de l'étude des planètes.

69. L'Observatoire du colonel Tomline a été fondé en 1874, et a pour astronome M. J. Plummer. Le principal instrument est un équatorial de 25 centimètres. Cet établissement est surtout destiné à l'observation des comètes.

	Latitude.	Longitude.	Altitude du sol.	Directeurs ou propriétaires.
	° ′ ″	h m s		
70. Hopefield. Alleyn Park. (Duwich)..	51.25.55	+0. 9.41	50	G. Hunt.
71. Keswick R^d. Putney............	50.27.24	+0.10.11	28	J. Brett.
Italie.				
72. Rome. Capitole................	41.53.54	−0.40.35	63	Respighi.
73. » Collége romain..........	41.53.52	−0.40.35	53	P.-A. Secchi.
74. Milan. Palais Brera............	45.28. 1	−0.27.24	146	Schiaparelli.
75. Naples. Capodimonte...........	40.51.45	−0.47.41	70	De Gasparis.

70. L'Observatoire de M. Hunt, fondé en 1876, se compose principalement d'un équatorial de 8 pouces, par Cooke d'York, et d'une lunette méridienne de $2\frac{1}{4}$ pouces.

71. Fondé en 1876. Lunette de 9 pouces; équatorial de 4 pouces; télescope de 12 pouces.

L'Angleterre, qui nous montre un si bel exemple par le nombre de ses observatoires publics et particuliers, compte encore un grand nombre d'autres observateurs. Sans compter MM. Warren de la Rue, Hind, Lockyer, A. Herschel (petit-fils de sir William Herschel), qui ne paraissent plus avoir d'observatoires fixes, signalons encore MM. Birt, Marth, Neison, Burton, Langdon, Knobel, Green, etc., dont on trouve des notes fréquentes dans l'excellente publication mensuelle anglaise *The astronomical Register*.

72. Les Observatoires d'Italie ont été en partie réorganisés en 1875. Ceux de Naples, Palerme et Milan sont établis comme observatoires principaux; ceux de Modène, Parme et Bologne, comme Observatoire de Météorologie et de Physique, universitaires ; ceux de Rome (Capitole), Turin et Padoue, comme observatoire d'enseignement, universitaires. Tel est celui que dirige M. Respighi.

73. L'Observatoire du Collége romain appartient aux jésuites et st indépendant de l'État. Son principal instrument est un équatorial de Merz de 24 centimètres, à l'aide duquel le P. Secchi a fait ses mesures d'étoiles doubles et ses observations solaires.

74. L'Observatoire de Milan, établi au dernier étage du musée Brera, est surtout consacré aux observations méridiennes. Cependant on y fait des mesures d'étoiles doubles; on y a découvert plusieurs comètes, et l'on y observe avec assiduité le magnétisme.

75. L'Observatoire de Naples, établi au sommet de la montagne qui domine la ville, partage également ses travaux entre les observations méridiennes et les observations extra-méridiennes.

	Latitude.	Longitude.	Altitude du sol.	Directeurs ou propriétaires.
	° ′ ″	h m s		
76. Naples. Vésuve	40.49.39	—0.48.15	595	Palmieri.
77. Palerme	38. 6.44	—0.44. 3		Cacciatore.
78. Florence. Arcetri	43.46.	—0.26	100	Tempel.
79. Turin	45. 4. 6	—0.21.28	278	Dorna.
80. Padoue	44.14. 7	—0.38. 8		Lorenzoni.
81. Modène	44.38.53	—0.34.23		Ragona.
82. Parme	44.18.15	—0.31.58		Pigorini.
83. Bologne	44.29.47	—0.36. 4	88	Michez.
84. Gênes	44.24.16	—0.35.41		P.-M. Garibaldi.
85. Montcalieri	45. 4. 0	—0.21.30	260	P. Denza.

76. L'Observatoire du Vésuve est relié télégraphiquement à l'Université de Naples. Il est consacré à la Météorologie, à la Physique du globe, et principalement à l'enregistrement des phénomènes dus au volcan lui-même.

77. L'Observatoire de Palerme a reçu un nouvel éclat des travaux de M. Tacchini sur le Soleil.

Après avoir glorieusement servi les étoiles, il paraît aujourd'hui spécialement consacré à l'analyse du Soleil.

78. On a transféré en 1872 l'Observatoire du musée royal de Florence sur la colline d'Arcetri, illustrée par les dernières années de Galilée (l'inauguration en a été très-intéressante). Donati mourut peu de temps après, et il ne semble pas que le nouvel établissement soit complétement installé encore.

79. Cet Observatoire, établi au dernier étage du palais de la reine à Turin, est surtout universitaire. On y a observé pendant plusieurs années les étoiles filantes avec une grande assiduité.

80. Universitaire, comme le précédent, cet Observatoire sert principalement à l'instruction astronomique des étudiants. On y observe le Soleil en correspondance avec Palerme et Rome.

81. M. Ragona a mis la Météorologie au premier rang dans son Observatoire, et c'est à cette science qu'il se consacre exclusivement.

82. L'Observatoire de Parme est consacré à la Météorologie et à la Physique du globe.

83. Même organisation que le précédent.

84. Universitaire, surtout météorologique. En outre, observations d'éclipses de magnétisme.

85. Cet Observatoire appartient au monastère des barnabites. La persévérance du P. Denza en a fait l'Observatoire central de Météorologie de toute l'Italie du nord et des Alpes.

	Latitude.	Longitude.	Altitude du sol.	Directeurs ou propriétaires.
	° ′ ″	h m s		
86. Monte Cavo..................	41.43.55	−0.41.20	953	Monastère.
87. Venise (Marine)..............	45.26. 8	−0.40. 3	2	Millosevich.
88. Venise (Séminaire)............	45.27	−0.40. 2	2	Meneguzzi.
89. Gallarate, près Milan. Observatoire particulier............	45.39	−0.25		Dembowski.

Espagne et Portugal.

90. Madrid......................	40.24.30	+0.24. 6	655	Aguilar.
91. San Fernando................	36.27.45	+0.34.10	28	Pujaron.
92. Lisbonne....................	38.42.24	+0.45.55	15	Fr. da Silveira.

86. Le monte Cavo est la montagne la plus élevée de l'ancien Latium. Le P. Secchi y a établi deux observatoires météorologiques, l'un à la base, à Grotta Ferrata, à 330 mètres d'altitude, le second au sommet, à 953 mètres. En dehors de la Météorologie, on y observe aussi les étoiles filantes.

87. Le professeur Millosevich fait des observations astronomiques à l'Istituto di marina mercantile : occultations, éclipses, etc.

88. On ne fait à cet Observ. que des obs. météorol., publiées chaque année en un volume.

89. Depuis 25 ans le baron Dembowski s'est adonné à la mesure des étoiles doubles, d'abord avec une lunette de 5 pouces, et depuis 1864 avec une de 7 pouces. Ces mesures micrométriques comptent à bon droit parmi les plus précises. C'est le seul Observatoire particulier que je connaisse en Italie.

Il y a en outre, en Italie, un grand nombre de stations météorologiques en correspondance avec Montcalieri. On va fonder sur l'Etna un Observatoire astronomique et météorologique, à 3000 mètres d'altitude.

90. La fondation de l'Observatoire de Madrid date du commencement du siècle ; mais il fut à peu près détruit pendant la guerre de Napoléon, et il n'a été réorganisé qu'en 1852. Ses principaux instruments sont un cercle méridien de Repsold et un équatorial de Merz de 10 pouces, Il dépend du Ministère de *Fomento*, qui a l'Instruction publique.

91. L'Observatoire de San Fernando, près de Cadix, dépend du Ministère de la Marine ; il publie l'*Almanach nautique*. Ses principaux instruments sont un cercle méridien égal à celui de Greenwich et un équatorial de 12 pouces de Brunner.

92. L'Observatoire de Lisbonne s'est principalement consacré depuis plusieurs années aux études d'Astronomie physique et surtout à celle du Soleil. — Le nombre des Observatoires de la péninsule ibérique est singulièrement restreint. En comparant l'Espagne à l'Angleterre, on ne peut s'empêcher de remarquer que l'étude du ciel est dans les deux pays en raison directe des difficultés (ou mieux encore du carré des difficultés)!

		Latitude.	Longitude.		Directeurs ou propriétaires.
		Suisse.			
		° ′ ″	h m s		
93.	Berne	46.57. 9	—0.20.35	572	A. Forster.
94.	Genève	46.11.59	—0.15.16	407	Plantamour.
95.	Zurich	47.22.31	—0.24.51	480	R. Wolff.
96.	Neuchâtel	47. 0. 2	—0.18.29	488	A. Hirsch.
97.	Bâle	47.33. 0	—0.21. 0	278	Hagenbach.
		Autriche.			
98.	Vienne	48.12.35	—0.56.11	33	E. Weiss.
99.	Vienne (en fondation)	48.13.55	—0.56. 0		

93. L'Observatoire de Berne a été fondé en 1805 et réorganisé en 1834 et 1875. Lunette méridienne et petit équatorial. On n'y fait plus d'Astronomie (le voisinage du chemin de fer s'y opposerait, du reste), et il est désormais exclusivement consacré à la Météorologie et à la Physique du globe. Centre des opérations géodésiques de la Suisse.

94. Peu d'Astronomie à l'Observatoire de Genève. Météorologie. Cependant lunette méridienne et équatorial.

95. A Zurich, M. Wolff s'occupe surtout des taches du Soleil dans leur rapport avec les variations du magnétisme terrestre. Instruments méridiens et équatoriaux.

96. Astronomie et Météorologie. Cercle méridien et équatorial.

97. Nouvel Observatoire au Bernoullianum. Équatorial avec spectroscope. Cercle méridien. Météorologie, Physique et Chimie.

98. L'Observatoire impérial de Vienne a été fondé en 1753. Il est universitaire. Ses derniers directeurs ont été J. et C. de Littrow, auxquels succède dignement M. E. Weiss. — Observations méridiennes et extra-méridiennes. Principaux instruments : équatorial de Fraunhofer de 16 centimètres d'ouverture et de $2^m,92$ de foyer ; *id.* de Steinheil de même diamètre et de $2^m,28$, cercle méridien de Stampfer de 108 millimètres et de $1^m,93$.

99. On a commencé, en 1874, la fondation d'un nouvel Observatoire, près de Vienne, spécialement destiné aux études d'Astronomie physique. Il doit être terminé en 1879. Son principal instrument sera un gigantesque équatorial de Grubb, de 70 centimètres d'objectif et de $9^m,70$ de distance focale. Il sera également muni d'un équatorial de Clark de 30 centimètres et de 5 mètres, et d'un cercle méridien.

	Latitude.	Longitude.	Altitude du sol.	Directeurs ou propriétaires.
	° ′ ″	h m s		
100 Vienne (Josephstadt). Obs. part..	48.12.54	—0.56. 4	23	Oppolzer.
101. Prague......................	50. 5.18	—0.48.20		Hornstein.
102. Krakau......................	50. 3.50	—1.10.30	15	Karlinski.
103. Pola........................	44.51.49	—0.46. 3	1	Palisa.
104. Kremsmünster (monastère)....	48. 3.24	—0.47.11	47	Strasser.
105. O' Gyalla. Observ. part........	47.52. 0	—1. 3.28	12	N. von Konkoly.
Allemagne du Nord.				
106. Berlin......................	52.30.16	—0.15.15	34	Foerster.
107. Munich (Bogenhausen)........	48. 8.45	—0.37. 5	526	J. Lamont.

100. M. Oppolzer s'est construit en 1862 un Observatoire particulier qu'il a illustré par d'intéressants travaux. Ses principaux instruments sont un équatorial de Plössl, de 189 millimètres et de $2^m,44$, et un cercle méridien de Scheffler, de 108 millimètres et de $1^m,30$.

101. L'un des plus anciens Observatoires de l'Europe. Fondé vers 1600 par Tycho Brahé. A cause de sa situation défavorable, il est actuellement réservé à la Météorologie. Universitaire.

102. Cet Observatoire est également universitaire. Ses principaux instruments sont un équatorial de Merz de 117 millimètres d'ouverture et de $2^m,11$ de foyer, et un cercle méridien de Stampfer de 81 millimètres et de $1^m,42$.

103. On a fondé en 1872 à Pola un Observatoire de marine. Ses principaux instruments sont un équatorial de Steinheil, de 162 millimètres et de $2^m,28$, et un cercle méridien de Troughton et Simms de 160 millimètres et de $2^m,10$. M. Palisa y a déjà découvert un grand nombre de petites planètes.

104. Le monastère des bénédictins de Kremsmünster a un Observatoire depuis 1577; l'établissement actuel date de 1748. Observations astronomiques permanentes. Principaux instruments : équatorial de Merz de 153 millimètres et de $2^m,36$, et cercle méridien de Starke de 76 millimètres et $1^m,05$.

105. Fondé en 1870, l'Observatoire de M. de Konkoly est surtout consacré à l'Astronomie physique et à l'analyse spectrale. Son principal instrument est un télescope de Browning de 26 centimètres d'ouverture et de $2^m,74$ de distance focale.

On peut aussi signaler en Autriche deux petits observatoires, l'un à l'École Polytechnique de Vienne, l'autre à l'Institut géographique militaire, servant pour l'instruction des élèves.

106. Observations méridiennes et extra-méridiennes. Cercle méridien de 7 pouces; équatorial de 9 pouces.

107. Observations méridiennes et extra-méridiennes. Ancien observatoire. Longue série d'observations méridiennes.

	Latitude.	Longitude.	Altitude du sol.	Directeurs ou propriétaires.
	° ′ ″	h m s		
108. Leipzig	51.21.10	—0.40.13	117	Bruhns.
109. Bonn	50.43.45	—0.19. 3	47	Schönfeld.
110. Gotha	50.56.37	—0.33.31		Krüger.
111. Breslau	51. 6.57	—0.58.49	140	J.-G. Galle.
112. Hambourg	53.33. 6	—0.30.33		G. Rümker.
113. Gottingue	51.31.48	—0.30.26	132	Klinkerfues.
114. Dusseldorf (Bilk)	51.12.25	—0.17.45		R. Luther.
115. Mannheim	49.29.13	—0.24.30	98	Valentiner.
116. Kœnigsberg	54.42.50	—1.12.39	22	E. Luther.
117. Altona	53.32.45	—0.30.26		
118. Kiel	54.19.24	—0.31.12		C.-A.-F. Peters.

108. **Observations constantes des petites planètes. Équatorial de 22 centimètres. Chercheur de comètes de 136 millimètres. Lunette de Fraunhofer de 117 millimètres.**

109. Illustré par la vie astronomique et les patients travaux d'Argelander, mort en 1875. Le directeur actuel s'occupe avec prédilection des étoiles variables.

110. Rien de spécial sur l'Observatoire de Gotha.

111. Observations constantes des petites planètes; occultations.

112. Observations générales et étoiles variables.

113. Petites planètes et comètes.

114. Petites planètes et comètes.

115. Petites planètes et comètes.

116. Observations diverses. Éclipses, occultations.

117. L'Observatoire d'Altona, illustré par Schumacher, qui y éditait les *Astronomische Nachrichten*, paraît avoir fait place aujourd'hui à celui de Kiel.

118. Depuis 1873, le précieux recueil allemand fondé par Schumacher à Altona se publie à l'Observatoire de Kiel.

	Latitude.	Longitude.	Altitude du sol	Directeurs ou propriétaires.
	° ′ ″	h m s		
119. Strasbourg	48.34.54	—0.21.41		Winnecke.
120. Potsdam	52.24.50	—0.42.59		Vogel.
Hollande.				
121. Leyde	52. 9.20	—0. 8.36		Van de Sande Bakhuyzen.
122. Utrecht	52. 5.11	—0.11.11		Hoek.
Danemark. Suède. Norvége.				
123. Copenhague	55.40.53	—0.40.58		Schjellerup.
124. Stockholm	59.20.31	—1. 2.54		Lindhagen.
125. Lund	55.42.16	—0.43.25		Möller.

119. L'Observatoire de Strasbourg a été fondé aussitôt après la guerre de 1870-71. Au point de vue scientifique, c'est une compensation à l'occupation allemande, et elle a déjà produit de

bons résultats. Le principal instrument est un équatorial de 16 centimètres et de $2^m,60$, par Reinfelder et Hertel, de Munich.

120. Cet Observatoire est en construction, il est destiné aux études d'Astronomie physique. Il est élevé au sud de Potsdam, sur une colline boisée, dans les meilleures conditions, et doit être muni de puissants instruments.

121. Sous la direction de Kaiser, l'Observatoire de Leyde a fait d'importantes observations sur la planète Mars et sur les étoiles doubles. Depuis 1872, M. de Sande Bakhuyzen a succédé à Kaiser. Observations d'étoiles par zones, petites planètes, comètes.

122. Petites planètes et comètes.

Signalons encore en Allemagne les observateurs : Engelmann, pour les étoiles doubles, Zöllner pour la photométrie stellaire, Spörer pour le Soleil.

123. L'Observatoire de Copenhague, réorganisé en 1857 par l'Université de cette ville, a été illustré par les travaux de d'Arrest, astronome de famille française exilée en 1685 par la funeste révocation de l'édit de Nantes. Observations d'étoiles et de nébuleuses. D'Arrest est mort en 1875.

124. Observations méridiennes et extra-méridiennes. Petites planètes, comètes, etc.

·125. Fondé en 1866 ; le principal instrument est un équatorial de Merz, de 24 centimètres d'ouverture et de $4^m,31$ de distance focale. C'est à l'Observatoire de Lund que M. Duner a fait ses importantes mesures micrométriques d'étoiles doubles.

	Latitude.	Longitude.	Altitude du sol.	Directeurs ou propriétaires.
	° ′ ″	h m s		
126. Christiania. Obs. astronomique.	59.54.44	—0.33.33		Fearnley.
127. Christiania, Institut météréol...	59.54.	—0.33.		Mohn.
128. Bergen......................	60.24. 4	—0.11.56		Astrand.
	Russie.			
129. St-Pétersbourg (Pulkowa).....	59.46.19	—1.51.58	50	O. Struve.
130. St-Pétersbourg. Observat. phys.	59.56.30	—1.51.53	3	Wild.
131. Moscou......................	55.45.19	—2.20.56	142	Bredichin.
132. Dorpat......................	58.28.47	—1.37.33	73	Clausen.
133. Helsingfors..................	60. 9.49	—1.30.28	16	A. Krüger.

126-128. Observations diverses, notamment des petites planètes. — 127. Institut météorologique central. Physique du globe.

129. L'Observatoire de Pulkowa a été fondé en 1834, sur une colline voisine de Saint-Pétersbourg. Les premiers décrets de l'empereur de Russie lui ont consacré d'abord un capital de 5 millions et une rente annuelle de 218 000 francs. Dès 1838, il possédait son grand équatorial de

38 centimètres d'objectif et de 7 mètres de distance focale, alors la plus grande et la meilleure lunette du monde. C'est l'un des Observatoires les plus riches en instruments et en ouvrages. Observations méridiennes et extra-méridiennes. Mesures d'étoiles doubles, etc. William Struve en prit la direction, et à sa mort (1864) son fils lui succéda.

130. Observatoire central de Physique et de Météorologie. On vient de lui ajouter comme annexe, à Pavlowsk, un Observatoire magnétique.

131. L'Observatoire de Moscou publie depuis 1874, sous l'habile direction du professeur Bredichin, ses *Annales*, importante publication : zones d'étoiles, planètes et comètes, Soleil, spectroscopie, etc. Principaux instruments : équatorial de Merz de 27 centimètres, et de $4^m,80$ de foyer ; cercle méridien de Repsold de 13 centimètres et de $1^m,92$.

132. L'Observatoire de Dorpat est à jamais célèbre par les découvertes de William Struve sur les étoiles doubles. Il a été fondé en 1812, et muni dès cette époque d'une excellente lunette méridienne de Dollond, de 115 millimètres d'ouverture et de $2^m,22$ de distance focale, d'un équatorial de Troughton de 5 pieds, d'un télescope herschelien de 8 pieds, de deux cercles muraux, etc. C'est en 1825 que Struve commença ses mesures micrométriques, à l'aide de la grande lunette de Fraunhofer dont cet Observatoire fut doté. Le grand catalogue de Dorpat a été publié en 1832. Struve quitta Dorpat pour Pulkowa et fut remplacé par Mädler, mort en 1874.

133. Observations diverses.

	Latitude.	Longitude.	Altitude du sol.	Directeurs ou propriétaires.
	° ′ ″	h m s		
134. Varsovie	52.13. 5	—1.14.47		Baranowski.
135. Kief	50.27.12	—1.52.41	190	Khandricoff.
136. Kasan	55.47.24	—3. 7. 8	58	Kowalski.
137. Wilna	54.41. 0	—1.31.49	122	
138. Kronstadt (Marine)	59.59.24	—1.49.43		
Grèce. Turquie. Égypte.				
139. Athènes	37.58.15	—1.25.32	120	J. Schmidt.
140. Constantinople	41. 0.16	—1.46.35		Coumbary.
141. Le Caire	30. 2. 4	—1.55.40		Mahmoud Bey.
Indes.				
142. Madras	13. 4. 8	—5.21. 0		Pogson.
143. *id.* Observat. particulier	13. 4	—5.11		Powell.
144. Trévandrum	8.30.35	—4.58.37	60	Allan Broun.

134-138. Observations diverses.

139. L'Observatoire d'Athènes, dû à l'amour éclairé du baron Sina pour la Science, s'est illustré sous la direction de M. Jules Schmidt par d'importants travaux sur les étoiles variables, la constitution physique de la Lune et les mouvements des comètes.

140. L'Observatoire de Constantinople paraît s'occuper plutôt de Météorologie que d'Astronomie.

141. Il en est de même de l'Observatoire du Caire.

142. L'Observatoire de Madras a été fondé en 1819 par la Compagnie des Indes orientales. Taylor y a fait d'importantes observations de 1832 à 1848, Jacob de 1845 à 1859, et Pogson depuis 1860. Équatorial de Secrétan et Lerebours de 9 pouces; grand cercle méridien de Simms.

143. Fondé en 1852 par M. Eyre Burton Powell, qui y a fait d'intéressantes observations d'étoiles doubles. Équatorial de Troughton et Simms de 11 centimètres et de $1^m,60$.

144. Fondé en 1840 par le rajah de Travancore. Équatorial de Dollond de 5 pouces d'ouverture et de $2^m,29$ de foyer. On s'y est occupé plutôt de magnétisme terrestre que d'Astronomie. Cet Observatoire paraît abandonné aujourd'hui. Celui de Lucknow, fondé à la même époque par le roi d'Oude, a été tout à fait détruit par la guerre du Delhi en 1856; les registres d'observations étaient du reste mangés par les fourmis blanches.

	Latitude.	Longitude.	Altitude du sol.	Directeurs ou propriétaires.
	° ′ ″	h m s		
145. Punjah. Observ. particulier..	33.	—4.50.		J.-E. Gore.
146. Calcutta....................	22.33.11	—5.44.0		P. Lafont.
Chine.				
147. Pékin.......................	39.54.13	—7.36.34		Fritsche.
148. Zi-ka-Wei, près Chang-Hai....	31.12.30	—7.56.24	7	P.-M. Dechevrens.
États-Unis d'Amérique.				
149. Washington..................	38.53.39	+5.17.32	32	John Rodgers.

145. M. Gore fait depuis plusieurs années à Punjah, près Lodiana, Hindoustan anglais, une sorte de révision du ciel austral à l'aide d'une petite lunette de Browning de 3 pouces d'ouverture et de 4 pieds de longueur : étoiles doubles écartées, nébuleuses brillantes, étoiles variables.

146. Fondé en 1875 par le P. Lafont, après l'observation du passage de Vénus à Muddapur par la mission italienne. Équatorial de 9 pouces de Steinheil, spectroscope de Browning, etc. Principalement destiné à l'Astronomie physique et à l'analyse spectrale du Soleil.

147. L'Observatoire de Pékin a subi bien des vicissitudes. Notre ancien collègue de l'Observatoire de Paris, Lépissier, qui s'y était rendu dans l'espérance de le transformer, en est revenu atteint d'une fièvre qui l'a rapidement emporté. Si l'on pouvait renouer la tradition chinoise à l'histoire de l'Observatoire moderne, ce serait, sans contredit, le plus ancien observatoire de la planète.

148. Cet Observatoire paraît principalement consacré à la Météorologie.

149. L'Observatoire naval de Washington, Observatoire national des États-Unis, a été fondé en 1842, et c'est aujourd'hui l'un des premiers du monde, par l'importance des travaux qu'on y fait et par la puissance des instruments dont il est doté. Alvan Clark et fils, de Cambridge (Massachussets), ont construit pour lui en 1872 le grand équatorial de 26 pouces (65 centimètres) et de 10 mètres de longueur, qui supporte des grossissements de 1300 fois, et qui est admirablement monté; son prix a été de 250 000 francs. C'est le meilleur instrument qui existe. On connaît les admirables découvertes qui ont été faites depuis 5 ans à l'aide de cette puissante lunette. Le même Observatoire a un cercle méridien de 22 centimètres d'ouverture et de $3^m,67$ de foyer, l'un des plus parfaits, un équatorial de 9 pouces, etc. Ses *Annales* sont une des plus importantes publications astronomiques.

	Latitude.	Longitude.	Altitude du sol.	Directeurs ou propriétaires.
	° ′ ″	h m s		
150. Harvard College (Cambridge)...	42.22.49	+4.54.18	64	E.-C. Pickerin.
151. Cincinnati..................	39. 5.54	+5.47.19	165	Ormond Stone.
152. Albany. Observatoire Dudley...	42.39.50	+5. 4.20	40	Lewis Boss.
153. Clinton. Hamilton College.....	43. 3. 0	+5.10.58		C.-H.-F. Peters.
154. Dartmouth College............	44	+4.55		C.-A. Young.

150. L'Observatoire de Harvard College peut être considéré comme le rival de celui de Washington; il a été fondé également en 1842, et possède aujourd'hui un cercle méridien de Troughton, muni d'un objectif de Clark de 21 centimètres, dont la distance focale est de $2^m,84$; d'un équatorial de 15 pouces de Merz et Möhler, instruments illustrés par les travaux de Winlock et de Bond. Ses *Annales* rivalisent pour l'intérêt avec celles de Washington. Cet Observatoire a été fondé par l'Université de Cambridge (Massachussets) au moyen de souscriptions auxquelles ont pris part de riches citoyens de Boston, des compagnies d'assurances, et de généreux amis de la Science.

151. C'est encore en 1842 que cet Observatoire a été fondé aux États-Unis, à la suite du cours

d'Astronomie populaire de Mitchel, qui enthousiasma ses auditeurs comme Arago le faisait dans le même temps de ce côté-ci de l'Atlantique. Son premier instrument fut le grand équatorial de Merz et Möhler, de Munich, de 12 pouces (30 centimètres) et de 5^m,18 de foyer, dont l'usage entre les mains de Mitchel mit tout de suite l'établissement de Cincinnati au premier rang des Observatoires. L'agrandissement de la ville nuit aujourd'hui beaucoup aux observations, et l'on vient d'en fonder un nouveau sur le mont Lookout, à quelques milles de la ville. M. Ormond Stone y a commencé d'importants travaux sur les étoiles doubles.

152. Bel exemple, comme le précédent, des Observatoires fondés par l'initiative privée. L'ensemble des donations faites à cet Observatoire s'élève aujourd'hui à plus de 1 million, sur lequel Mme Dudley en a donné la moitié à elle seule. Fondé en 1851. Principaux instruments : équatorial de 33 centimètres d'ouverture et de 4 mètres de foyer; cercle méridien de 20 centimètres et de 3 mètres. Observations de zones d'étoiles, photographie céleste, analyse spectrale.

153. Dans l'État de New-York, comme le précédent. Fondé en 1853, par souscription publique. Équatorial de 34 centimètres et de 4^m,86. C'est de cet établissement que M. C.-H.-F. Peters épie et saisit au passage les petites planètes, dont il a déjà découvert à lui seul une trentaine.

154. Fondé en 1853, à Hannover, New-Hampshire, par la libéralité du Dr Georges Shattuck. Cercle méridien de Simms, de 10 centimètres et 1^m,52 ; équatorial de 24 centimètres et 3^m,35. C'est là que M. Young a fait ses belles recherches sur le spectre solaire.

	Latitude.	Longitude.	Altitude du sol.	Directeurs ou propriétaires.
	° ′ ″	h m s		
155. Ann-Arbor. Michigan.........	42.16.48	+5.44.13		J. Watson.
156. Williamstown................	42.42.49	+5. 2.13		Hopkins.
157. Allegheny..................	40.27.39	+5.29.24	120	Langley.
158. Amherst.	42.22.16	+4.59.27		W.-C. Esty.
159. New-Haven. Connecticut......	41.14.54	+5. 0.57		C.-S. Lyman.
160. New-York. Observat. part....	40.15.15	+5. 5.15		Rutherfurd.
161. Hastings. Observat. part....	40.16	+5. 5	70	Draper.

155. Fondé en 1854, par l'initiative du Dr Tappan, chevalier de l'Université du Michigan, qui réunit une souscription suffisante pour son établissement. Cercle méridien de Pistor et Martins de 17 centimètres et 2m,74; équatorial de Fitz, de New-York, de 32 centimètres et 5m,17. M. J. Watson y a déjà découvert une vingtaine de petites planètes.

156. C'est l'un des plus anciens des États-Unis. Fondé en 1836 par le professeur Hopkins au collége Williams, à Williamstown (État de Massachussets). Équatorial de 18 centimètres et de 2m,90; télescope d'Herschel de 3 mètres de foyer. Observations diverses.

157. L'Observatoire d'Allegheny est célèbre par les recherches de M. Langley sur la surface solaire. Quoique fondé en 1860, il n'est vraiment en activité que depuis 1867. Équatorial de 33 centimètres et de $4^m,62$ de foyer.

158. Fondé au collége d'Amherst (Massachussets), en 1847. Lunette méridienne de Gambey, équatorial d'Alvan Clark. Observations de planètes et de comètes.

159. École scientifique de Sheffield, annexe de Yale College, fondé par M. Sheffield. Équatorial de 23 centimètres et de 3 mètres de foyer; cercle méridien de 10 centimètres et de $1^m,47$, par Ertel. M. Lyman a fait d'intéressantes observations du croissant de Vénus (mesures publiées dans ce tome VIII).

160. L'Observatoire photographique de M. Rutherfurd est le premier dans ce genre. Tout le monde connaît ses admirables photographies de la Lune. Son équatorial a 33 centimètres d'ouverture, objectif achromatisé pour les rayons chimiques. Ce savant a également obtenu d'excellents clichés photographiques d'étoiles, notamment des Pléiades. Son Observatoire est dans la ville même de New-York.

161. L'Observatoire de M. Draper est installé à Hastings-sur-l'Hudson, sur une petite colline à 32 kilomètres au nord de New-York. Il s'est construit un miroir en verre argenté, de 39 centimètres de diamètre et de $3^m,80$ de foyer, admirablement monté, à l'aide duquel il a obtenu d'excellentes photographies du Soleil et de la Lune. Importantes découvertes sur la constitution du spectre solaire.

	Latitude.	Longitude.	Altitude du sol.	Directeurs ou propriétaires.
	° ′ ″	h m s		
162. Chicago. Observat. part....	41.53	+5.59		Burnham.
163. » (Dearborn)....	41.53	+5.59		Safford.
164. Morrison. Glasgow. Missouri...				C.-W. Pritchett.
165. Yonkers, près New-York. Obs. particulier...............				Chandler.
Canada.				
166. Québec........................	46.48.30	+4.54.10		Ashe.
167. Kingstown..................	44.13.22	+4.?		Williamson.

162. M. Burnham a entrepris la révision complète du ciel des étoiles doubles, complément gigantesque des grands travaux de William Herschel et de William Struve. Amateur passionné de l'Astronomie, il consacre toutes ses nuits aux étoiles, et déjà il a découvert plus de 500 nouveaux couples. Son Observatoire, installé en 1871, n'avait pour tout instrument qu'une lunette de 15 centimètres, ingénieusement montée en équatorial. Mais il se sert actuellement, surtout pour ses mesures micrométriques, du grand équatorial de 18 $\frac{1}{2}$ pouces (47 centimètres) et 7 mètres de foyer qui appartient à l'Université Dearborn, et qui paraît n'avoir encore servi qu'à lui seul.

163. C'est à cet Observatoire qu'appartient l'instrument précédent, acheté à la maison Clark en 1863, monté en 1864, mais si mal installé qu'il était impossible de s'en servir. En 1875, on a refait la coupole. Cet Observatoire a un cercle méridien de Repsold à l'aide duquel on observe des zones d'étoiles.

164. Observations des satellites de Jupiter et de Saturne.

165. Observations des étoiles variables, à l'œil nu, à l'aide d'une jumelle et d'une petite lunette de 3 pouces.

Il y a encore beaucoup d'autres Observatoires aux États-Unis, dont les uns paraissent avoir cessé d'être en activité, et dont les autres ne sont encore qu'en projet. On en trouvera la description dans l'intéressant Ouvrage de MM. André et Angot sur les *Observatoires en Europe et en Amérique* (Paris, Gauthier-Villars, 1877). Signalons notamment celui de M. Winchester, à New-Haven, Connecticut, qui possédera la plus grande lunette du monde (76 centimètres d'objectif), et celui de James Lick à San Francisco, Californie, dont un legs d'un million de dollars doit être consacré à la construction du plus puissant télescope du monde.

166. L'Observatoire de Quebec a été fondé en 1863. Équatorial d'Alvan Clark, de 8 pouces d'ouverture et de 9 pieds de foyer. On y a principalement observé les taches du Soleil. Observatoire géodésique.

167. Observatoire particulier, élevé au milieu d'un jardin public de la ville. Il y a encore un autre Observatoire au Canada, à Charlotte-Town, dans l'île du prince Édouard, fondé par le capitaine Bayfield, qui y a observé des occultations d'étoiles. Il paraît abandonné aujourd'hui.

	Latitude.	Longitude.	Altitude du sol.	Directeurs ou propriétaires.
Amérique du Sud.				
	° ′ ″	h m s		
168. Bogota	— 4.36. 0	+5. 6.17	2634	Gonzalès.
169. Rio-Janeiro	—22.54.15	+3. 1.55	63	E. Liais.
170. Santiago	—33.26.42	+4.52. 8	618	Moesta.
171. Cordoba	—37.20	+4.30		B.-A. Gould.
Afrique du Sud.				
172. Cap de Bonne-Espérance	—33.56. 3	—1. 4.34		E.-J. Stone.
173. Sainte-Hélène	—15.55. 0	+0.32.13	537	
Philippines.				
174. Manille	—14.35.26	—7.54.35		P.-F. Faura.
Antilles.				
175. Havane	23. 9.26	+5.38.29		A. Poey.
176. Sainte-Croix	17.44.32	+4.28. 5		Lang.
177. Jamaïque	17.56.8	+5.16.42		Maxwell Hall.

168. L'Observatoire de la Colombie devait être complétement restauré en 1875, par les soins de mon excellent ami M. Gonzalès qui fit dans ce but un voyage spécial en Europe : malheureusement, la guerre civile de 1876 arrêta de nouveau le mouvement scientifique. M. Gonzalès fait actuellement les plus louables efforts pour rendre son pays digne de l'Astronomie. Cet Observatoire est le plus proche de l'équateur et le plus élevé du monde.

169. Sous la protection intelligente de l'empereur du Brésil, l'Observatoire de Rio est devenu, comme la plupart des établissements scientifiques de ce pays, un établissement de premier ordre.

170. L'Observatoire du Chili a publié, sous la direction de M. Moesta, d'excellents catalogues d'étoiles australes. M. Moesta est de retour en Europe aujourd'hui.

171. Fondé en 1871. Cercle méridien. Zones d'étoiles et uranométrie du ciel austral. Observatoire météorologique à Buénos-Ayres.

172. L'Observatoire du Cap a été fondé par Lacaille en 1751. Il y resta deux ans, et de 1753 à 1820 il n'y eut pas d'astronome au Cap. Le gouvernement anglais y installa cette année-là un nouvel Observatoire. Fallows, Henderson, Maclear en furent les directeurs successifs. M. Stone leur a succédé depuis 1870, et a déjà publié de bons catalogues d'étoiles. On ne peut oublier que de 1833 à 1838 sir John Herschel fit au Cap la révision complète du ciel étoilé.

173. L'Observatoire de Sainte-Hélène paraît abandonné.

174. Consacré à la spectroscopie du Soleil et à la Météorologie.

175-176. Consacrés principalement à la Physique du globe et à la Météorologie.

177. M. Maxwell Hall a publié récemment des travaux intéressants sur l'Astronomie sidérale

	Latitude.	Longitude.	Altitude du sol.	Directeurs ou propriétaires.
Australie.				
	° ′ ″	h m s		
178. Melbourne..................	—37.49.53	—9.30.34		Ellery.
179. Sydney.....................	—33.51.41	—9.55.26		Russell.
180. Hobart-Town...............	—42.52.12	—9.39.58		Abbott.
181. Adélaïde....................	—34.46.50	—9. 4.43		Ch. Todd.
182. Windsor.....................	—33.36.30	—9.53.55		Tebbutt.

(on the sideral system) et sur la parallaxe de Mars, déduite d'observations faites à l'Observatoire de la Jamaïque.

178. Aucune ville du monde n'a montré un développement plus rapide que Melbourne. En 50 ans elle est sortie de la forêt vierge et a créé une opulente cité de 130 000 habitants, avec chemins de fer, gaz, monuments, théâtres, musées, bibliothèques, observatoire. Le grand télescope de Melbourne (1^m,22 de diamètre et 8^m,54 de long) a été installé en 1870. L'Observatoire, fondé en 1853, est aujourd'hui muni des meilleurs instruments.

179. Th. Brisbane, gouverneur de la colonie de la Nouvelle-Galles du Sud, avait fondé en 1821 un Observatoire à Paramatta, à 14 milles de Sydney. Dunlop et Rumker y firent aussi des observations. Depuis 1855, il est remplacé par l'Observatoire de Sydney, astronomique et météo-

rologique. Équatorial de 19 centimètres et de $3^m,14$, par Metz et Möhler, deux télescopes de 26 centimètres.

180. Observatoire particulier, fondé en 1860, principalement pour l'observation des nébuleuses. Équatorial de Dollond, lunette méridienne de Troughton et Simms. Observations de nébuleuses et de comètes.

181. Observatoire particulier, fondé en 1860. Lunette de Dollond. Observation du Soleil et des planètes.

182. Observatoire particulier, fondé en 1862. Équatorial de 4 pouces d'ouverture et de 4 pieds de distance focale. M. Tebbutt observe assidûment les comètes et les occultations. C'est lui qui a découvert la grande comète de 1861. — On voit que, pour être le dernier continent annexé à la civilisation moderne, l'Australie est loin d'être en retard dans la Science dont nous nous occupons : elle montre, au contraire, un exemple digne d'être suivi par des nations plus anciennes.

P. S. — L'auteur remercie cordialement les Observatoires et les astronomes qui ont bien voulu lui envoyer des renseignements utiles à la liste précédente. Il sera reconnaissant de toutes les additions et corrections qui lui seront adressées dans le but de tenir cette publication constamment au courant du mouvement astronomique.

FIN DU HUITIÈME VOLUME.

PARIS. — IMPRIMERIE DE GAUTHIER-VILLARS,

Quai des Augustins, 55.

LIBRAIRIE DE GAUTHIER-VILLARS,

SUCCESSEUR DE MALLET-BACHELIER,

Quai des Augustins, 55.

BRÜNNOW (F.), Directeur de l'Observatoire de Dublin. — *Traité d'Astronomie sphérique et d'Astronomie pratique.* Édition française publiée par E. Lucas, Agrégé des Sciences mathématiques, Astronome adjoint à l'Observatoire de Paris, et C. André, Agrégé des Sciences physiques, Astronome adjoint à l'Observatoire de Paris, avec une Préface de M. C. Wolf, Astronome titulaire de l'Observatoire de Paris. 2 vol. in-8, avec figures dans le texte; 1869-1872 .... 20 fr.

On vend séparément :

Astronomie sphérique. In-8; 1869 .... 10 fr.

Astronomie pratique. In-8; 1872 .... 10 fr.

Depuis que l'*Astronomie pratique* de Francœur était épuisée, nous n'avions plus en France aucun Traité intermédiaire entre la Mécanique céleste et les Ouvrages élémentaires purement descriptifs. Le Livre de M. Brünnow vient remplir cette lacune en réunissant sous une forme simple et peu volumineuse toutes les notions indispensables à la pratique de l'Astronomie. Les Traducteurs ont généralisé l'utilité de ce Traité en ajoutant, avec l'assentiment de l'Auteur, des développements qui, dans certaines parties, en font une œuvre entièrement nouvelle. En particulier, ils ont fait connaître les procédés employés à l'Observatoire de Paris; ils ont donné la théorie des instruments, qui forme à elle seule la majeure partie du second volume, et ils ont ajouté des Tables auxiliaires, calculées spécialement ou extraites de Traités qui ne se trouvent plus dans le commerce, comme les Tables de Warnstorff, etc. — Ainsi développé, ce Livre s'adresse à la généralité des candidats qui, pour les travaux des Observatoires ou les examens de la Licence, désirent se familiariser avec les méthodes et les calculs fondamentaux de l'Astronomie. Il indique la manière de faire les observations et les réductions que doivent subir les résultats pour pouvoir figurer dans les calculs de la Mécanique céleste. — Enfin les Marins et les Ingénieurs trouveront également le plus utile secours dans cet excellent Ouvrage, qui expose avec détails toutes les méthodes de détermination de l'heure, des longitudes et des latitudes et azimuts.

HIRN (G.-A.), Correspondant de l'Institut de France. — *Mémoire sur les conditions d'équilibre et sur la nature probable des Anneaux de Saturne.* In-4, avec planche; 1872 .... [illegible] fr.

L'Auteur démontre que les anneaux ne peuvent être des solides d'une pièce; qu'ils pourraient être et qu'ils ont probablement été des corps liquides ou gazeux, mais qu'ils n'ont sous cette forme qu'une existence éphémère; enfin que la seule hypothèse qui réponde à tous les faits connus consiste à les considérer comme formés de parties solides, de petites dimensions, séparées les unes des autres par des intervalles vides et décrivant chacune son orbite spéciale autour de la planète.

GAUDIN (M.-A.), Calculateur du Bureau des Longitudes, Lauréat de l'Académie des Sciences. — *L'Architecture du Monde des Atomes, dévoilant la construction des composés chimiques et leur cristallogénie.* NOUVEAUTÉS SCIENTIFIQUES. In-12 jésus, avec figures dans le texte; 1873 .... 5 fr.

LALANDE. — *Tables de Logarithmes*, étendues à SEPT DÉCIMALES, par *F.-C.-M. Marie*, précédées d'une Instruction dans laquelle on fait connaître les limites des erreurs qui peuvent résulter de l'emploi des Logarithmes des nombres et des lignes trigonométriques, par le baron *Reynaud*. Nouvelle édition augmentée de *Formules pour la Résolution des Triangles*; par M. *Bailleul*, typographe. In-12; 1872 .... 3 fr. 50 c.

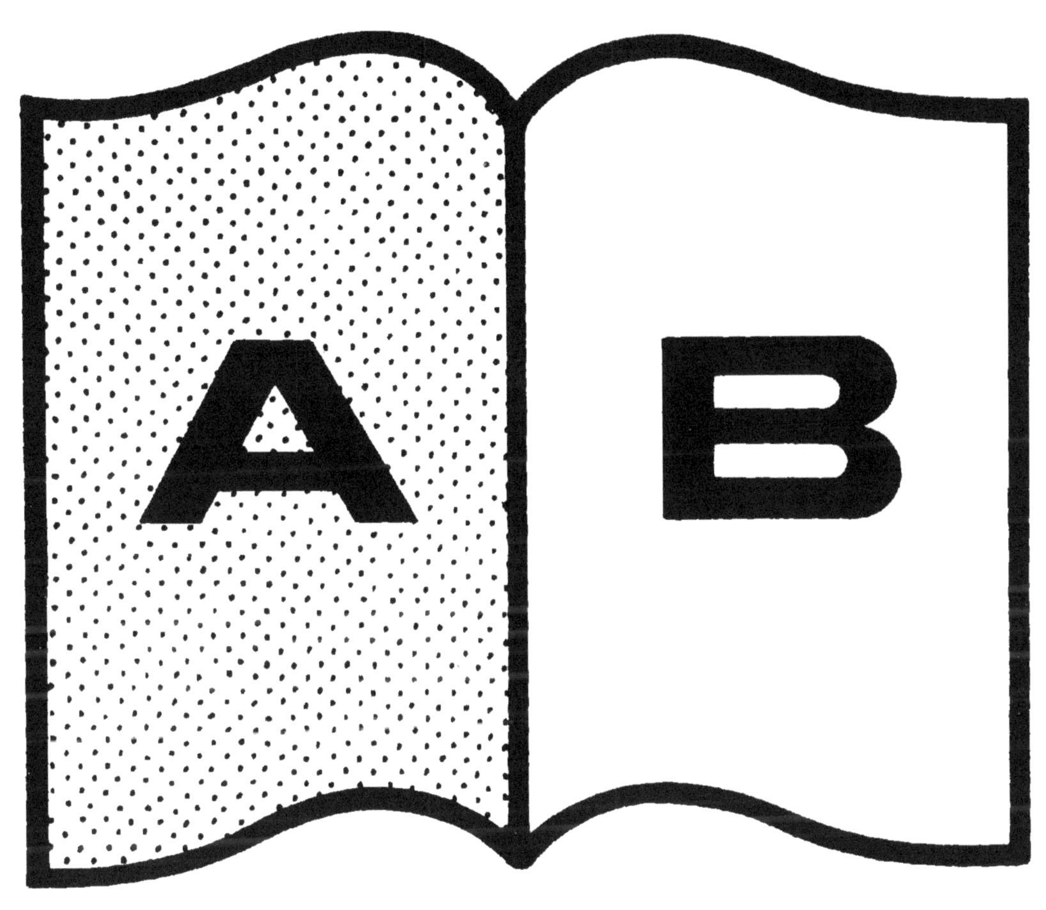

Contraste insuffisant

NF Z 43-120-14

www.ingramcontent.com/pod-product-compliance
Ingram Content Group UK Ltd.
Pitfield, Milton Keynes, MK11 3LW, UK
UKHW021850190726
13855UKWH00001B/251

9 782013 469494